U0214268

教育部高等学校电子信息类专业教学指导委员会规划教材

高等学校电子信息类专业系列教材

单片机与接口技术

基于CC2530的单片机应用

（项目教学版·第2版）

杨玥　主编

刘申菊　刘洋　陈海源　胡元元　副主编

清华大学出版社

北京

内 容 简 介

为了激发读者的学习兴趣,使读者快速掌握单片机和接口技术,本书以单片机的具体应用过程为线索,从单片机的应用角度出发逐步展开讲解。以项目为驱动,使读者从一开始就带着项目开发任务进入学习,在做项目的过程中逐渐掌握完成任务所需要的知识和技能。

本书是CDIO项目驱动型教材,以任务为中心,以职业岗位能力为目标,按照单片机与接口技术的开发和设计的基本流程组织内容。

本书概念清晰,逻辑性强,循序渐进,语言通俗易懂,适合作为高等学校物联网工程相关专业的单片机与接口技术等课程的教材,也适合单片机开发的初、中级技术人员学习参考。

图书在版编目(CIP)数据

单片机与接口技术:基于CC2530的单片机应用:项目教学版/杨玥主编.—2版.—北京:清华大学出版社,2023.1

高等学校电子信息类专业系列教材

ISBN 978-7-302-61684-9

Ⅰ.①单… Ⅱ.①杨… Ⅲ.①单片微型计算机-基础理论-高等学校-教材 ②单片微型计算机-接口技术-高等学校-教材 Ⅳ.①TP368.1

中国版本图书馆 CIP 数据核字(2022)第 144962 号

责任编辑:赵 凯
封面设计:李召霞
责任校对:韩天竹
责任印制:朱雨萌

出版发行:清华大学出版社
     网   址:http://www.tup.com.cn,http://www.wqbook.com
     地   址:北京清华大学学研大厦 A 座   邮   编:100084
     社 总 机:010-83470000   邮   购:010-62786544
     投稿与读者服务:010-62776969,c-service@tup.tsinghua.edu.cn
     质量反馈:010-62772015,zhiliang@tup.tsinghua.edu.cn
     课件下载:http://www.tup.com.cn,010-83470236
印 装 者:北京嘉实印刷有限公司
经   销:全国新华书店
开   本:185mm×260mm   **印   张:**11.75   **字   数:**286 千字
版   次:2017 年 5 月第 1 版   2023 年 1 月第 2 版   **印   次:**2023 年 1 月第1 次印刷
印   数:1~1500
定   价:59.00 元

产品编号:097805-01

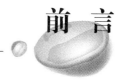

前　言

随着物联网产业应用范围的扩大,要求单片机的作用范围也越来越大,物联网系统的应用,离不开单片机的应用。在物联网系统中主要使用 CC2530 单片机设备,因此,基于 CC2530 的单片机应用成为使用、管理和设计物联网系统的必备知识。本书的思路以实用技术为主,以项目教学为导向,重点讲述在物联网应用中广泛使用的 CC2530 单片机。

单片机又称单片微控制器,它不是完成某一个逻辑功能的芯片,而是把一个计算机系统集成到一块芯片上,相当于一台微型计算机。与计算机相比,单片机只缺少了 I/O 设备。概括地讲,一块芯片就成了一台计算机。它的体积小、质量轻、价格便宜,为学习、应用和开发提供了便利条件。同时,学习使用单片机是了解计算机原理与结构的最佳选择。

目前,单片机的使用领域已十分广泛,如智能仪表、实时工控、通信设备、导航系统、家用电器等。各种产品一旦用上了单片机,就能起到使产品升级换代的功效,这些产品名称前常冠以形容词——"智能型",如智能型洗衣机等。

单片机广泛应用于仪器仪表、家用电器、医用设备、航空航天、专用设备的智能化管理及过程控制等领域,也渗透到我们生活的各个领域,绝大多数领域都有单片机的踪迹。例如,导弹的导航装置,飞机上各种仪表的控制,计算机的网络通信与数据传输,工业自动化过程的实时控制和数据处理,广泛使用的各种智能 IC 卡,轿车上的安全保障系统,录像机、摄像机、全自动洗衣机的控制,以及程控玩具、电子宠物等,这些都离不开单片机。更不用说自动控制领域的机器人、智能仪表、医疗器械以及各种智能机械了。因此,单片机的学习、开发与应用将造就一批计算机应用与智能化控制的科学家、工程师。

本书共分为 8 个项目,分别为认识 CC2530、通用 I/O 端口控制、外部中断、定时器控制、串口控制、A/D 转换控制、时钟和电源管理以及看门狗的应用,这些项目整体上形成了物联网系统中单片机应用的全过程。

项目 1 是认识 CC2530,完成项目的软件环境搭建,包括环境安装、模板工程建立、下载和调试等任务。通过本项目的实施,要求掌握 CC2530 的特性、应用、芯片引脚等基本概念,掌握 IAR 的安装和使用、驱动的安装和辅助设备的安装。

项目 2 是通用 I/O 端口控制,完成通过 I/O 端口控制 LED 灯任务。通过本项目的实施,要求掌握通用 I/O 端口的基本知识和基本功能,重点掌握通用 I/O 端口的相关寄存器的概念和应用。

项目 3 是外部中断,完成通过按键中断控制 LED 灯任务。通过本项目的实施,要求掌握中断的概述、中断屏蔽寄存器和中断的处理方法和应用。

项目 4 是定时器控制,完成定时器的控制任务。通过本项目的实施,要求掌握片内外设 I/O 的应用、定时器的概念、定时器的寄存器和操作的应用,以及睡眠定时器的应用。

项目 5 是串口控制,完成串口收发数据和串口控制 LED 灯等任务。通过本项目的实施,要求掌握串行通信接口的概念、串行通信接口寄存器的相关概念和方法,设置串行通信接口寄存器波特率的方法,重点是掌握 UART 接收的具体应用。

项目 6 是 A/D 转换控制,完成片上温度 A/D 转换控制、模拟电压 A/D 转换控制和电源电压 A/D 转换控制等任务。通过本项目的实施,要求掌握 ADC 的基本概念、ADC 的输入、ADC 的寄存器应用、ADC 的转换结果以及单个 ADC 转换的应用。

项目 7 是时钟和电源管理,完成时钟显示、系统休眠和低功耗的任务。通过本项目的实施,要求掌握 CC2530 的电源管理概念和原理,以及电源管理的控制方法,掌握 CC2530 振荡器和时钟的应用。

项目 8 是看门狗的应用,完成看门狗的任务。通过本项目的实施,要求掌握看门狗的模式、定时器的模式,以及看门狗定时器寄存器的概念和应用。

本书以德州仪器公司(TI)的 CC2530 单片机为开发平台,提供大量源于作者多年教学积累和项目开发经验的实例。在学习本书中的项目前,读者需要掌握 C 语言程序设计、电路等基础知识。

本书概念清晰,逻辑性强,循序渐进,语言通俗易懂,适合作为高等学校物联网工程相关专业的单片机与接口技术等课程的教材,也适合单片机开发的初、中级技术人员学习参考。

由于作者水平有限及对单片机技术和项目教学的理解尚不全面深入,书中难免有不足和不妥之处,诚恳希望读者批评指正。随着我们项目实施的不断完善,希望为读者提供更多的相关资料及错误修正,力争给单片机技术爱好者和学习者提供一个交流的平台。

编　者

2022 年 10 月

目　录

项目 1

认识CC2530

1.1 项目任务和指标

本项目将完成项目的软件环境搭建,包括环境安装、模板工程建立、下载和调试等任务。

通过本项目的实施,读者应掌握 CC2530 的特性、应用、芯片引脚等基本概念,掌握 IAR 的安装和使用、驱动的安装和辅助设备的安装。

1.2 项目的预备知识

1.2.1 CC2530 无线片上系统概述

单片机也叫微控制器(microcontroller),是一种集成电路芯片,是采用超大规模集成电路技术把具有数据处理能力的中央处理器(CPU)、随机存储器(RAM)、只读存储器(ROM)、多种输入输出(I/O)端口和中断系统、定时器/计数器等功能(可能还包括显示驱动电路、脉宽调制电路、模拟多路转换器、A/D 转换器等电路)集成到一块硅片上构成的一个小而完善的微型计算机系统。

CC2530 是用于 IEEE 802.15.4、ZigBee 和 RF4CE 应用的一个真正的片上系统(System on Chip,SoC)[①]解决方案。它能够以非常低的总的材料成本建立强大的网

---

① 片上系统(SoC)就是把所有的模块都设计到一块芯片上。

络节点。CC2530 结合了领先的 2.4GHz 的 RF 收发器的优良性能、业界标准的增强型 8051 单片机、系统内可编程闪存、8KB RAM 和许多其他强大的功能。根据芯片内置闪存的不同容量，CC2530 有 4 种不同的型号：CC2530F32/F64/F128/F256，编号后缀分别代表具有 32KB/64KB/128KB/256KB 的闪存。CC2530 具有不同的运行模式，使得它尤其适应超低功耗要求的系统。运行模式之间的转换时间短，进一步确保了低能源消耗。

IEEE 802.15.4 描述了低速率无线个人局域网的物理层和媒体接入控制协议。IEEE 802.15 工作组目标是为个人操作空间（Personal Operating Space，POS）内相互通信的无线通信设备提供通信标准。POS 指的是用户附近 10m 左右的空间。

ZigBee 的基础是 IEEE 802.15.4，每个协调器可连接多达 255 个节点，几个协调器形成一个网络，对路由传输的数目没有限制。

RF4CE 是新一代家电遥控标准和协议，是基于 ZigBee/IEEE 802.15.4 的家电遥控的射频新标准。其中 RF 即射频（Radio Frequency），4 是 for(four)，CE 即消费电子（Consumer Electronics）。2008 年，索尼、飞利浦、松下、三星与主要低功耗 RFIC 厂商飞思卡尔（Freescale）、德州仪器（TI）以及 OKI 共同成立 RF4CE 联盟，并于 2009 年与 ZigBee 联盟合作共同开发基于 ZigBee 并用于家电遥控的射频新标准。RF4CE 不但能提高操作的可靠性，提高信号的传输距离和抗干扰性，使信号传递不受障碍物影响，还能实现双向通信和解决不同电器的互操作问题，遥控器电池寿命也可显著延长。消费者将不再需要用遥控器的发射端准确指向电器的接收端，也不再需要数个遥控器操作不同的电子设备。

CC2530 在 CC2430 的基础上进行了较大改进，最大的改进是 ZigBee 协议栈的改进，这个协议栈都进行了升级，无论稳定性或者可靠性都有了不错的表现。速率依旧是 250Kbps，功率增大到 4.5dBm，发送信道也进行了修改，寄存器进行相应改变，所以 ZigBee 2006 协议栈就无法用到 CC2530 上了。ZigBee 2007 的协议栈对组网、再组网、数据传输及节点数量都有较大提升，可以说 CC2530 不是因为本身而体现其价值，更多的是因为 ZigBee 2007 协议栈的提升。

除了 CC2530 之外，CC253x 片上系统还包括 CC2531 芯片，与 CC2530 芯片的主要区别在于是否支持 USB。CC253x 系列概览如表 1.1 所示。

表 1.1 CC253x 系列芯片概览

特 征	CC2530F32/F64/F128/F256	CC2531F256
闪存容量	32KB/64KB/128KB/256KB	256KB
SRAM 容量	8KB	8KB
是否支持 USB	否	是

CC2530F256 结合了 TI 公司的 ZigBee 协议栈 Z-Stack，提供了一个强大和完整的 ZigBee 解决方案。CC2530F64 结合了 TI 公司的协议栈 RemoTI，更好地提供了一个

强大和完整的 ZigBee RF4CE 远程控制解决方案。

2.4GHz 的 CC2530 片上系统解决方案适用于广泛的应用。它们可以很容易建立在基于 IEEE 802.15.4 标准协议 RemoTI 网络协议和用于 ZigBee 兼容解决方案的 Z-Stack 软件上面,或是专门的 SimpliciTI 网络协议上面。但是它们的使用不仅限于这些协议。例如,CC2530 系列还适用于 6LoWPAN 和无线 HART 的实现。TI 公司目前主推 CC2530,而 CC2430 已经不推荐使用了。

1.2.2　CC2530 芯片主要特性

CC2530 芯片包含以下特性:

(1) 高性能、低功耗且具有代码预取功能的 8051 微控制器内核。

(2) 符合 2.4GHz IEEE 802.15.4 标准的优良的无线接收灵敏度和抗干扰性能 2.4GHz RF 收发器。

(3) 低功耗。

- 主动模式 RX(CPU 空闲):24mA。
- 主动模式 TX 在 1dBm(CPU 空闲):29mA。
- 供电模式 1($4\mu s$ 唤醒):0.2mA。
- 供电模式 2(睡眠定时器运行):$1\mu A$。
- 供电模式 3(外部中断):$0.4\mu A$。
- 宽电源电压范围:2~3.6V。

(4) 支持硬件调试。

(5) 支持精确的数字化 RSSI/LQI(信号强度值/连接质量,两者都可以通过读取芯片的寄存器得到)和强大的 5 通道 DMA(直接存储访问,是一种高速的数据传输操作,允许在外部设备和存储器之间直接读写数据,既不通过 CPU,也不需要 CPU 干预)。

(6) IEEE 802.15.4 MAC 定时器,通用定时器。

(7) 具有 IR 发生电路(用于远程控制应用)。

(8) 具有捕获功能的 32kHz 睡眠定时器。

(9) 硬件支持 CSMA/CA 功能。

(10) 具有电池监测功能和温度传感功能。

(11) 具有 8 路输入和可配置分辨率的 12 位 ADC(模/数转换器)。

(12) 集成 AES 安全协处理器。

(13) 两个支持多种串行通信协议的强大 USART(通用同步异步收发器)。

(14) 21 个通用 I/O 引脚($19\times4mA$,$2\times20mA$)。

(15) 看门狗定时器(WDT,实际上是一个计数器,一般给看门狗一个大数,程序开始运行后看门狗开始倒计数。如果程序运行正常,过一段时间 CPU 应发出指令让看门狗复位,重新开始倒计数)。

(16) 强大灵活的开发工具。

1.2.3　CC2530 的应用领域

CC2530 主要的应用领域包括：

（1）2.4GHz IEEE 802.15.4 系统。

（2）RF4CE 远程控制系统（需要大于 64KB 闪存）。

（3）ZigBee 系统（需要 256KB 闪存）。

（4）家庭/楼宇自动化。

（5）照明系统。

（6）工业控制和监控。

（7）低功耗无线传感网络。

（8）消费型电子。

（9）医疗保健。

1.2.4　CC2530 概述

CC2530 可以大致分为 4 部分：CPU 和内存相关的模块，外设，时钟和电源管理相关的模块以及无线电相关的模块。

1. CPU 和内存

CC2530 包含一个增强型工业标准的 8 位 8051 微控制器内核，运行时钟 32MHz，具有 8 倍的标准 8051 内核的性能。增强型 8051 内核使用标准的 8051 指令集，并且每个指令周期是一个时钟周期，而标准的 8051 每个指令周期是 12 个时钟周期，因此增强型 8051 消除了总线状态的浪费，指令执行比标准的 8051 更快。

CC253x 系列芯片使用的 8051 CPU 内核是一个单周期 8051 兼容内核。它有 3 种不同的内存访问总线（SFR、DATA 和 CODE/XDATA），单周期访问 SFR、DATA 和主 SRAM。它还包括一个调试接口和一个 18 位输入扩展中断单元。

CC2530 的增强型 8051 内核与标准的 8051 微控制器相比，除了速度改进之外，使用时应注意以下两点。

（1）内核代码：CC2530 的增强型 8051 内核的目标代码兼容标准 8051 内核的目标代码，即 CC2530 的 8051 内核的目标代码可以使用标准 8051 的编译器或汇编器进行编译。

（2）微控制器：由于 CC2530 的增强型 8051 内核使用了不同于标准 8051 的指令时钟，因此增强型 8051 在编译时与标准 8051 代码编译时略有不同，例如标准 8051 的微控制器包含的外设单元寄存器的指令代码在 CC2530 的增强型 8051 不能正确运行。

中断控制器总共提供了 18 个中断源，分为 6 个中断组，每个中断与 4 个中断优先级之一相关。当设备从活动模式回到空闲模式，任一中断服务请求即被激发。一些中断还可以从睡眠模式（供电模式 1～3）唤醒设备。

内存仲裁器位于系统中心,因为它把 CPU 与 DMA 控制器和物理存储器以及所有外设连接起来。内存仲裁器有 4 个内存访问点,每次访问可以映射到 3 个物理存储器之一:8KB SRAM、闪存存储器和 XREG/SFR 寄存器。它负责执行仲裁,并确定同时访问同一个物理存储器之间的顺序。

8KB SRAM 映射到 DATA 存储空间和部分 XDATA 存储空间。8KB SRAM 是一个超低功耗的 SRAM,即使数字部分掉电(供电模式 2 和 3)也能保留其内容。这对于低功耗应用来说是很重要的功能。

32KB/64KB/128KB/256KB 闪存块为设备提供了内电路可编程的非易失性程序存储器,映射到 XDATA 存储空间。除了保存程序代码和常量以外,非易失性存储器允许应用程序保存必须保留的数据,这样设备重启之后就可以使用这些数据。使用这个功能,如可以利用已经保存的网络具体数据,CC2530 就不需要每次启动都经历网络寻找和加入过程。

2. 时钟和电源管理

数字内核和外设由一个 1.8V 低差稳压器供电。它提供了电源管理功能,可以实现使用不同供电模式延长电池寿命。

3. 外设

CC2530 包括许多不同的外设,允许应用程序设计者开发先进的应用。

调试接口执行一个专有的两线串行接口,用于内电路调试。通过这个调试接口,可以执行整个闪存存储器的擦除、控制使能哪个振荡器、停止和执行用户程序、执行 8051 内核提供指令、设置代码断点,以及内核中全部指令的单步调试。使用这些技术,可以很好地执行内电路的调试和外部内存的编程。

设备含有闪存存储器及存储程序代码。闪存存储器可以通过用户软件和调试接口编程。闪存控制器处理写入和擦除嵌入式闪存存储器。闪存控制器允许页面擦除和 4B 编程。

I/O 控制器负责所有通用 I/O 引脚。CPU 可以配置外设模块是否控制某个引脚或它们是否受软件控制,如果是,每个引脚配置为一个输入或输出。CPU 终端可以分别在每个引脚上使能。每个连接到 I/O 引脚的外设可以选择两个不同的 I/O 引脚位置,以确保在不同的应用程序中的引脚使用不发生冲突。

系统可以使用多功能 5 信道 DMA 控制器,使用 XDATA 存储空间访问存储器,因此能够访问所有物理存储器。每个通道(触发器、优先级、传输模式、找寻模式、源和目标指针和传输计数)用 DMA 描述符在存储器任何地方配置。许多硬件外设(AES 内核、闪存控制器、USART、定时器、ADC 接口)通过使用 DMA 控制器在 SFR 或 XREG 地址和闪存/SRAM 之间进行数据传输,在获得高效率操作的同时,大大减轻了内核的负担。

定时器 1 是一个 16 位定时器,具有定时器/PWM 功能。它有一个可编程的分频器,一个 16 位周期值,以及 5 个各自可编程的计数器/捕获通道,每个都有一个 16 位比较值。每个计数器/捕获通道可以用作一个 PWM 输出或捕获输入信号边沿的时序。它还可以配置在 IR 产生模式，定时器 3 的输出是用最小的 CPU 干涉产生调制的 IR 信号。

MAC 定时器（定时器 2）是专门为支持 IEEE 802.15. MAC 或软件中其他时槽的协议设计的。定时器有一个可配置的定时器周期和一个 8 位溢出计数器，可以用于保持跟踪已经经过的周期数。一个 16 位捕获寄存器也用于记录/发送一个帧开始界定符的精确时间，或传输结束的精确时间，还有一个 16 位输出比较寄存器可以在具体时间产生不同的选通命令（开始 RX，开始 TX 等）到无线模块。

定时器 3 和定时器 4 是 8 位定时器，具有定时器/计数器/PWM 功能。它们有一个可编程的分频器，一个可编程的计数器通道，具有一个 8 位的比较值。定时器 3 和定时器 4 计数器通道常用于输出 PWM。

睡眠定时器是一个超低功耗定时器，在除了供电模式 3 的所有工作模式下运行。定时器的典型应用是作为实时计数器，或作为一个唤醒定时器跳出供电模式 1 或 2。

ADC 支持 7～12 位的分辨率，分别有 30kHz 和 4kHz 的带宽。DC 和音频转换可以使用高达 8 个输入通道。输出可以选择作为单端输入或差分输入。参考电压可以是内部电压、AVDD 或是单端或差分外部信号。ADC 还有一个温度传感器输入通道测量内部温度，ADC 可以自动执行定期抽样或转换通道序列的程序。

随机数发生器使用一个 16 位 LFSR 产生伪随机数，可以被 CPU 读取或由选通命令处理器直接使用。例如，随机数可以用于产生随机密钥。

AES 加密/解密内核允许用户使用带有 128 位密钥的 AES 算法加密和解密数据。这一内核能够支持 IEEE 802.12.4 MAC 安全、ZigBee 网络层和应用层要求的 AES 操作。

内置的看门狗允许 CC2530 在挂起的情况下复位自身。当看门狗定时器由软件使能，就必须定期清除；否则，当它超时就复位设备，或者可以配置用作通用的 32kHz 定时器。

USART 0 和 USART 1 每个被配置为 SPI 主/从或一个 UART（通用异步收发器）。它们为 RX 和 TX 提供了双缓冲及硬件流控制，因此非常适用于高吞吐量的全双工应用。每个都有自己的高精度波特率发生器，因此可以使普通定时器空闲用作其他途径。

4. 无线设备

CC2530 具有 IEEE 802.15.4 兼容无线收发器和 RF 内核控制模拟无线控制模块。另外，它提供了 MCU 和无线设备之间的一个接口，这使得可以发出命令、读取状态、自动操作和确定无线设备时间的顺序。无线设备还包括数据包过滤和地址识别模块。

1.2.5　CC2530 芯片引脚的功能

CC2530 芯片采用 6mm×6mm QFN40 封装，共有 40 个引脚，可分为 I/O 引脚、

电源引脚和控制引脚,如图 1.1 所示。

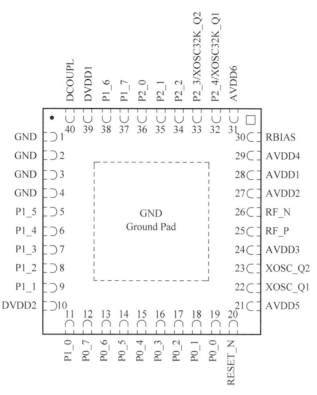

图 1.1　CC2530 芯片引脚的功能

1. I/O 端口引脚功能

CC2530 芯片有 21 个可编程 I/O 引脚,P0 和 P1 是完整的 8 位 I/O 端口,P2 只有 5 个可以使用的位。其中,P1_0 和 P1_1 具有 20mA 的输出驱动能力,其他 I/O 端口引脚具有 4mA 的输出驱动能力。在程序中可以设置特殊功能寄存器(SFR)将这些引脚设为普通 I/O 端口或是作为外设 I/O 端口使用。

CC2530 芯片所有 I/O 端口具有以下特性:在输入时有上拉和下拉能力。全部 I/O 端口具有响应外部中断的能力,同时这些外部中断可以唤醒休眠模式。

2. 电源引脚功能

AVDD1~AVDD6:为模拟电路提供 2.0~3.6V 工作电压。

DCOUPL:提供 1.8V 去耦电压,此电压不为外电路使用。

DVDD1,DVDD2:为 I/O 端口提供 2.0~3.0V 电压。

GND:接地,未使用的引脚。连接到 GND,接地衬垫必须连接到坚固的接地面。

3. 控制引脚功能

RESET_N:复位引脚,低电平有效。

RBIAS:为参考电流提供精确的偏置电阻。

RF_N：RX 期间负 RF 输入信号到 LNA。

RF_P：RX 期间正 RF 输入信号到 LNA。

XOSC_Q1：32MHz 晶振引脚 1。

XOSC_Q2：32MHz 晶振引脚 2。

1.2.6 CC2530 增强型 8051 内核简介

CC2530 集成了业界标准的增强型 8051 内核，增强型 8051 内核使用标准的 8051 指令集，但因为 8051 内核使用了不同于许多其他 8051 类型的一个指令时序，时序循环的代码可能需要修改。而且，由于涉及外设的特殊功能寄存器有很大不同，涉及特殊功能寄存器的指令代码可能不能正常运行。

增强型 8051 内核使用标准的 8051 指令集。因为以下原因指令执行比标准的 8051 更快：

（1）每个指令周期是 1 个时钟周期，而标准的 8051 每个指令周期是 12 个时钟周期。

（2）消除了总线状态的浪费。

因此，一个指令周期与可能的内存存取是一致的，增强型 8051 内核使用标准的 8051 指令集，而大多数单字节指令在一个时钟周期内执行。

1. 复位

CC2530 有 5 个复位源，以下时间将产生复位：

（1）强制 RESET_N 输入引脚为低。

（2）上电复位条件。

（3）布朗输出复位条件。

（4）看门狗定时器复位条件。

（5）时钟丢失复位条件。

复位之后初始条件如下：

（1）I/O 引脚配置为带上拉的输入（P1_0 和 P1_1 是输入，但是没有上拉/下拉）。

（2）CPU 程序计数器装在 0x0000，程序执行从这个地址开始。

（3）所有外设寄存器初始化为各自复位值。

（4）看门狗定时器禁用。

（5）时钟丢失探测禁用。

2. 存储器

CC253x 系列使用的 8051CPU 内核是一个单周期的 8051 兼容内核。它有 3 个不同的存储器访问总线（SFR，DATA 和 CODE/XDATA），以单周访问 SFR、DATA 和主 SRAM。此外，它还包括一个调试接口和一个输入的扩展中断单元。

8KB SRAM 映射到 DATA 存储空间和 XDATA 存储空间的一部分，32KB/64KB/128KB/256KB 内存块为设备提供了内电路可编程的非易失性程序存储器，映射到 CODE 和 XDATA 存储空间。

CC2530 里有 4 种存储空间,结构上划分的存储空间,并不是实际的存储器。

(1) CODE:程序存储器,用于存放程序代码和一些常量,有 16 根地址总线,所有 CODE 的寻址范围是 0000H～FFFFH,共 64KB。

(2) DATA:数据存储器,用于存放程序运行过程中的数据,有 8 根地址总线,所有 DATA 的寻址空间为 00H～FFH,共 256byte。

(3) XDATA:外部数据存储器(只能间接寻址,访问速度比较慢),DMA 是在 XDATA 上寻址的,有 16 根地址总线,所有 XDATA 的寻址空间为 0000H～FFFFH,共 64KB。

(4) SFR:特殊功能寄存器,就是那些 TICTL、EA、P0 等配置寄存器存储的地方,共 128KB。因为 CC2530 的配置寄存器比较多,所有一些多余的寄存器就放到 XREG 里面。XREG 的大小为 1KB,访问速度比 SFR 慢。

这只是 4 种不同的寻址方式,并不代表物理上具体的存储设备。例如,FLASH 或者 EEPROM 都可以作为物理存储媒介映射到 CODE 上,DRAM 或 SRAM 都可以作为存储媒介映射到 DATA 中。CODE 和 DATA 是存储空间的概念,FLASH、SRAM、EEPROM 等[①]是具体的物理存储设备。

1.3　项目实施

1.3.1　任务 1:工程环境安装

1. 嵌入式集成开发环境 IAR Embedded Workbench 安装

(1) 打开 IAR 安装文件夹,双击安装文件 EW8051-EV-751A. exe 进行安装,如图 1.2 所示。

图 1.2　安装文件夹

---

①　DRAM 是动态随机存取存储器,只能将数据保持很短时间。EEPROM 是电可擦可编程只读存储器,一种掉电后数据不丢失的存储芯片。SRAM 是静态随机存取存储器,是一种具有静止存取功能的内存,不需要刷新电路即能保存它内部存储的数据。

（2）打开安装对话框，单击 Next 按钮进行下一步操作，如图 1.3 所示。

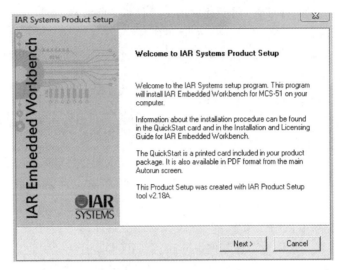

图 1.3　启动对话框

（3）接下来是打开了许可协议对话框，单击 Accept 按钮接受许可协议，如图 1.4 所示。

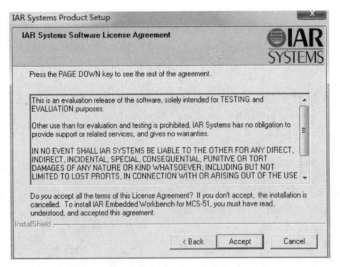

图 1.4　接受许可协议

（4）分别输入正确的 License ♯ 和 License Key 并单击 Next 按钮，如图 1.5 和图 1.6 所示。

（5）设置安装路径，然后单击 Next 按钮，如图 1.7 所示。

（6）选择完全安装(Full)，然后单击 Next 按钮，如图 1.8 所示。

（7）选择程序文件夹，可以直接单击 Next 按钮，如图 1.9 所示。

（8）在复制文件之前查看设置信息，如果无误即可单击 Next 按钮，如图 1.10 所示。

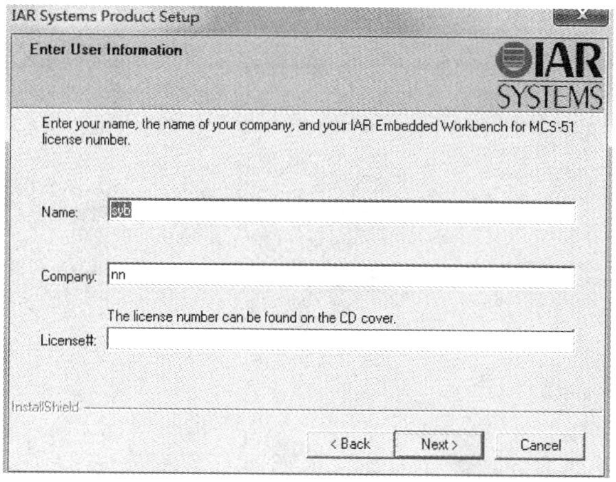

图 1.5　输入 Lisence#

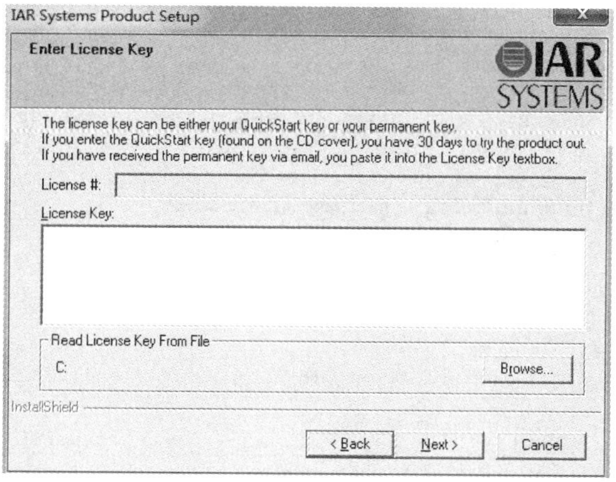

图 1.6　输入 License Key

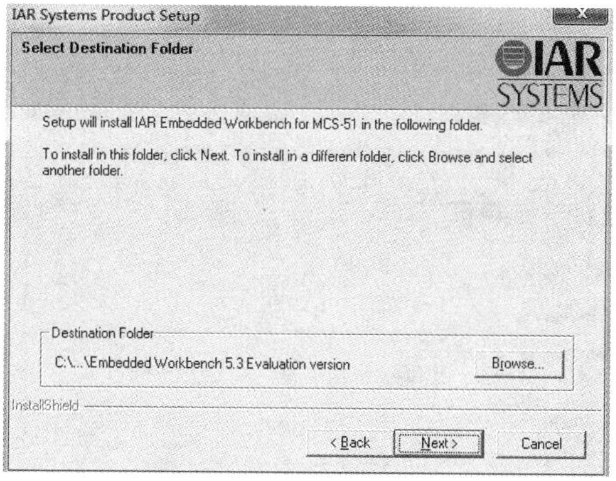

图 1.7　设置安装路径

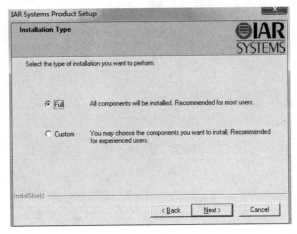

图 1.8　选择安装模式

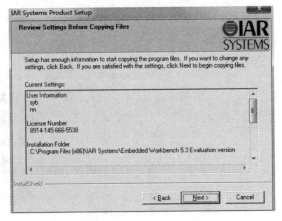

图 1.9　选择程序文件夹

图 1.10　查看设置信息

（9）开始进行安装，如图 1.11 所示。

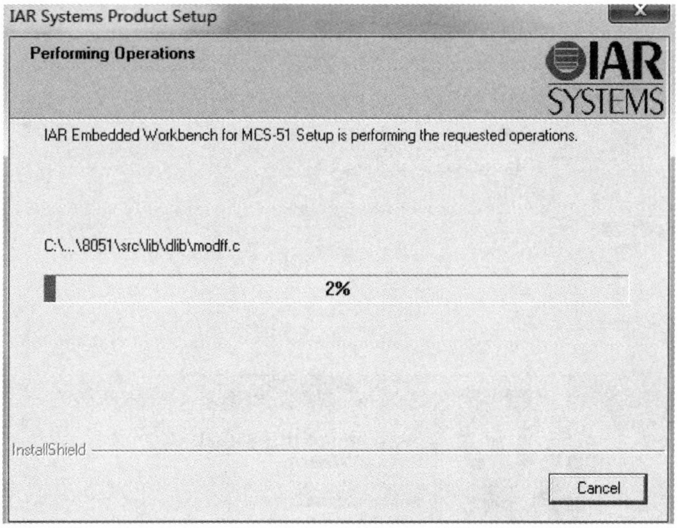

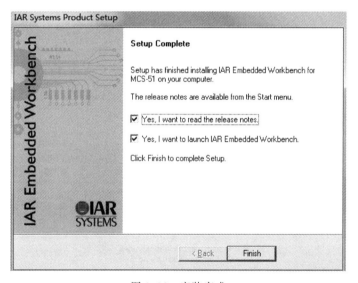

图 1.11　安装进度

（10）安装完成后，如图 1.12 所示。

图 1.12　安装完成

2. ZigBee 协议栈安装

（1）打开安装文件夹，运行文件 ZStack-CC2530-2.5.1a.exe 开始安装，如图 1.13 所示。

（2）运行后，打开安装运行界面，如图 1.14 所示。

（3）单击 Next 按钮，进入授权许可界面，如图 1.15 所示。

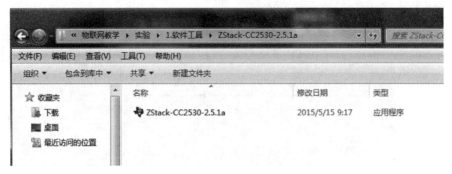

图 1.13　协议栈安装包

图 1.14　安装运行界面

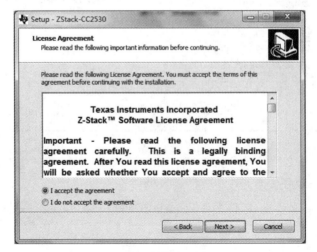

图 1.15　授权许可界面

（4）在图1.15中选择I accept the agreement选项，同意该软件的安装许可条款，单击Next按钮，进入软件安装路径设置界面，如图1.16所示。

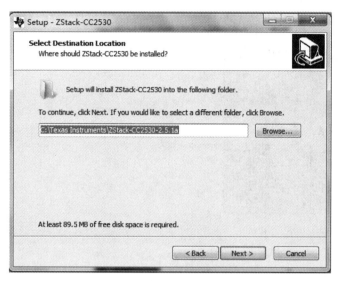

图1.16 软件安装路径设置界面

（5）保持默认路径不变，单击Next按钮，进入准备安装软件界面，如图1.17所示，然后单击Install按钮，完成安装。

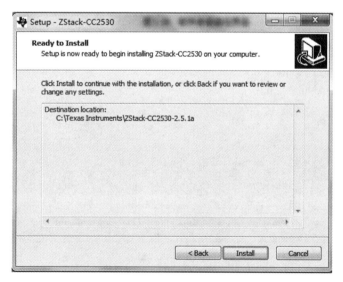

图1.17 准备安装界面

3. 闪存烧写工具SmartRF Flash Programmer安装

（1）运行安装文件Setup_SmartRFProgr_1.6.2开始安装，然后单击Next按钮，如图1.18所示。

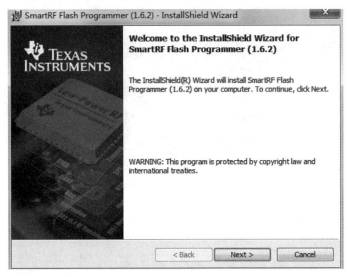

图 1.18　烧写工具安装

（2）进行安装路径设置，可以采用默认的方式，然后单击 Next 按钮，如图 1.19 所示。

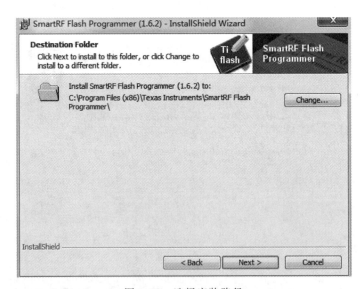

图 1.19　选择安装路径

（3）选择完整安装（Complete）后，直接单击 Next 按钮，如图 1.20 所示。

（4）在如图 1.21 所示的界面中，单击 Install 按钮。

（5）安装过程如图 1.22 所示。

（6）安装完成如图 1.23 所示。

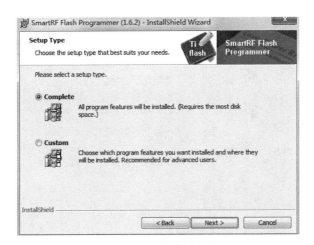

图 1.20 选择完整安装

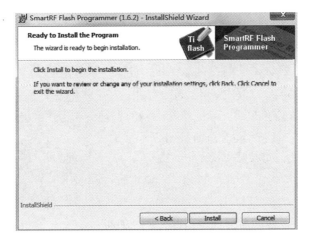

图 1.21 安装界面

图 1.22 安装进度

图 1.23　安装完成

1.3.2　任务 2：下载和调试

1. 安装仿真器驱动

安装仿真器前确认 IAR Embedded Workbench 已经安装。将系统配套的 USB 接口仿真器一端连接到 PC 上,另一端 20 针排线连接到平台主板的 JLink JTAG 口中。通过主板上的选择按键,选择即将编程下载的模块(有指示灯),注意模块应先上电打开。

（1）打开 CC2530 光盘 tools 目录,双击 Setup_SmartRF_Studio_6.11.6.exe 安装,如图 1.24 所示。

（2）运行该文件,打开安装界面,如图 1.25 所示。

图 1.24　安装文件

图 1.25　安装界面

（3）单击 Next 按钮，打开路径选择界面，选择程序所要安装的目录，如图 1.26 所示。

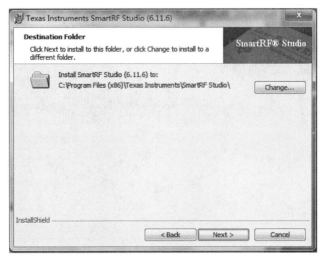

图 1.26 路径选择界面

（4）单击 Next 按钮，打开安装类型界面，选择 Complete 选项，安装所有内容，如图 1.27 所示。

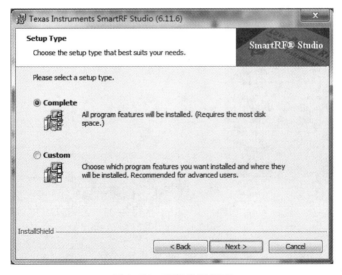

图 1.27 安装类型界面

（5）在图 1.27 中单击 Next 按钮，打开开始安装界面，如图 1.28 所示。

（6）在图 1.28 中单击 Install 按钮进行安装操作，安装完成后，单击 Finish 按钮，如图 1.29 所示。

（7）将仿真器通过开发系统附带的 USB 电缆连接到 PC，在 Windows 7 系统下，

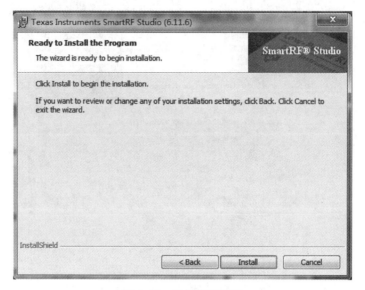

图 1.28　开始安装界面

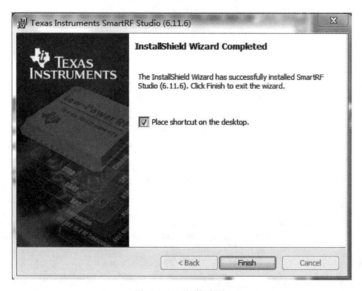

图 1.29　安装完成

系统找到新硬件后弹出向导对话框，选择"自动安装软件"选项，单击"下一步"按钮，如图 1.30 所示。

（8）向导会自动搜索并复制驱动文件到系统。系统安装完驱动后弹出完成对话框，单击"完成"按钮退出安装，如图 1.31 所示。

（9）仿真器驱动检查，双击桌面上的 SmartRF_Studio 图标，打开上一步安装的 SmartRFID Studio 软件，插上仿真器到计算机（建议还是上一步安装时的那台计算机的 USB 口），界面如图 1.32 所示。

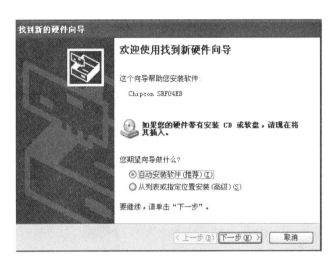

图 1.30 自动安装

图 1.31 安装完成

图 1.32 测试是否安装成功

2．调试和运行

选择菜单 Project→Debug 命令，或按快捷键 Ctrl+D 进入调试状态，也可单击工具栏上的 按钮进入调试，如图 1.33 所示。

图 1.33　进入调试

（1）查看源文件语句：Step Into 执行内部函数或子进程的调用；Step Over 每步执行一个函数调用；Next Statement 每次执行一个语句。这些命令在工具栏上都有对应的按钮。

（2）查看变量：C-SPY 允许用户在源代码中查看变量或表达式，可在程序运行时跟踪其值的变化，使用自动窗口。选择菜单 View→Auto 命令，开启 Auto（自动）窗口，会显示当前被修改过的表达式。连续步进观察 j 的值的变化情况，如图 1.34 所示。

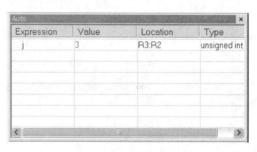

图 1.34　查看变量

（3）设置监控点：使用 Watch 窗口查看变量。选择菜单 View→Watch 命令，打开 Watch 窗口。单击窗口中的虚线框，出现输入区域时输入 j 并回车，如图 1.35 所示。也可以先选中一个变量将其从编辑窗口拖到 Watch 窗口。

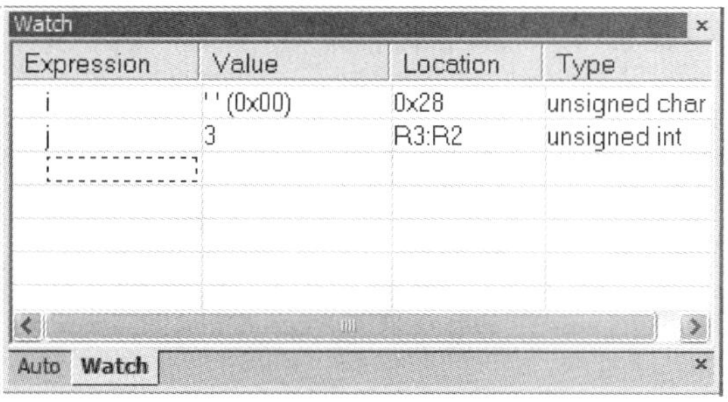

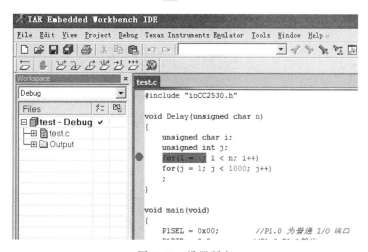

图 1.35 设置观察变量

单步执行,观察 i 和 j 的变化。如果要在 Watch 窗口中去掉一个变量,先选中然后按 Del 键,或在右键快捷菜单中删除。

(4) 设置并监控断点:使用断点最便捷的方式是将其设置为交互式的,即将插入点的位置指到一个语句里或靠近一个语句,然后选择 Toggle Breakpoint 命令。在 i++语句处插入断点:在编辑窗口选择要插入断点的语句,选择菜单 Edit→Toggle Breakpoint 命令,或者在工具栏上单击 ![按钮] 按钮,如图 1.36 所示。

![IAR Embedded Workbench IDE 界面截图]

图 1.36 设置断点

这样在这个语句设置好一个断点,用高亮表示并且在左边标注一个红色的圆显示有一个断点存在。可选择菜单 View→Breakpoint 命令打开 Breakpoint(断点)窗口,观察工程所设置的断点。在主窗口下方的调试日志 Debug Log 窗口中可以查看断点的执行情况。如要取消断点,在原来断点的设置处再执行一次 Toggle Breakpoint 命令。

(5) 反汇编模式:在反汇编模式,每一步都对应一条汇编指令,用户可对底层进行完全控制。选择菜单 View→Disassembly 命令,打开 Disassembly(反汇编)窗口,用户可看到当前 C 语言对应的汇编语言指令,如图 1.37 所示。

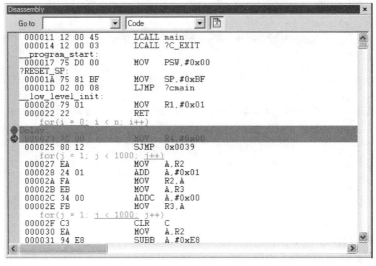

图 1.37　反汇编窗口

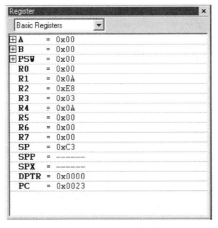

图 1.38　查看寄存器内容

（6）监控寄存器：寄存器窗口允许用户监控并修改寄存器的内容。选择菜单 View→Register 命令，打开 Register（寄存器）窗口，如图 1.38 所示。

选择窗口上部的下拉列表，选择不同的寄存器分组。单步运行程序，观察寄存器值的变化情况。

（7）监控存储器：存储器窗口允许用户监控寄存器的指定区域。选择菜单 View→Memory 命令，打开 Memory（存储器）窗口，如图 1.39 所示。

（8）运行程序：选择菜单 Debug→Go 命令，或单击调试工具栏上 按钮，如果没有断点，程序将一直运行下去。可以看到 LED1、LED2 间隙点亮。如果要停止，选择菜单 Debug→Break 命令或单击调试工具栏上的 按钮，停止程序运行。

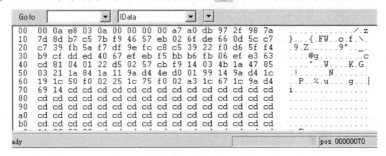

图 1.39　查看存储器

（9）退出调试：选择菜单 Debug→Stop Debugging 命令，或单击调试工具栏上的 按钮，退出调试模式。

1.3.3　任务3：建立工程模板

1. 建立新工程

打开 IAR 软件，默认进入建立工作区菜单，先单击 Cancel 按钮，进入 IAR IDE 环境。选择菜单 Project→Create New Project 命令，如图 1.40 所示。

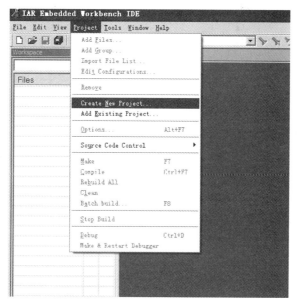

图 1.40　建立一个新工程

打开如图 1.41 所示 Create New Project（建立新工程）对话框，确认 Tool chain 栏已经选择 8051，在 Project templates 框中选择 Empty project，单击下方 OK 按钮。

打开"另存为"对话框，单击右上角快捷按钮 ，创建新文件夹。在计算机相应目录下创建工程目录，如图 1.42 所示。本例创建了 test_iar 目录用来存放工程，如图 1.43 所示。进入创建的 test_iar 文件夹中，更改工程名为 test，单击"保存"按钮，这样便建立了一个新的工程，如图 1.44 所示。

所创建的工程就出现在工作区窗口中，如图 1.45 所示。

系统产生两个创建配置：调试和发布。在这里只选择使用 Debug 配置，如图 1.46 所示。

项目名称后的星号指示修改还没有保存。选择菜单 File→Save→Workspace 命令，保存工作区文件，并指明存放路径，这里把它放到新建的工程 test_iar 目录下，单击"保存"按钮保存工作区，如图 1.47 所示。

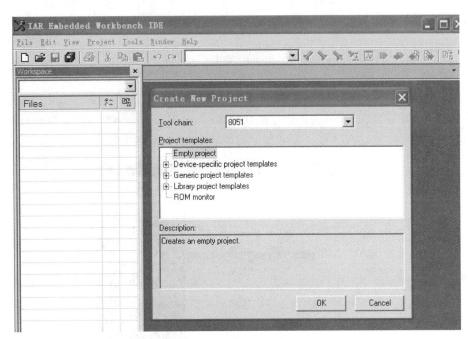

图 1.41 选择工程类型

图 1.42 创建工程目录

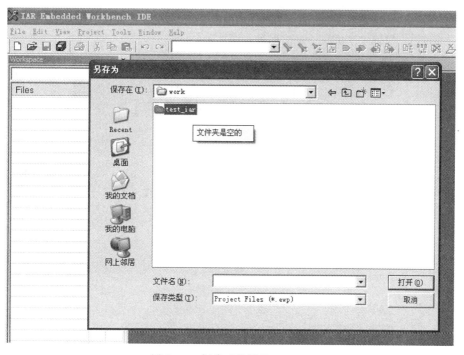

图 1.43　创建工程目录 test_iar

图 1.44　创建工程文件

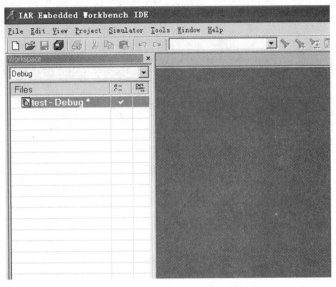

图 1.45　创建工程加入工作区

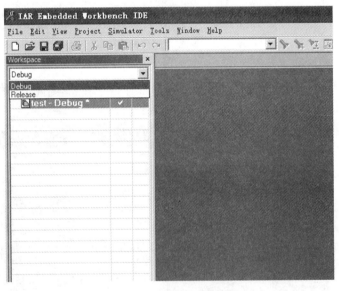

图 1.46　选择 Debug 模式

2. 添加工程文件

选择菜单 Project→Add File 命令或在工作区窗口中在工程名上右击，在弹出的快捷菜单中选择 Add File 命令，打开文件"打开"对话框，选择需要的文件，单击"打开"按钮完成。

如没有建好的程序文件，也可单击工具栏上的 按钮或选择菜单 File→New→File 命令新建一个空文本文件，如图 1.48 所示。

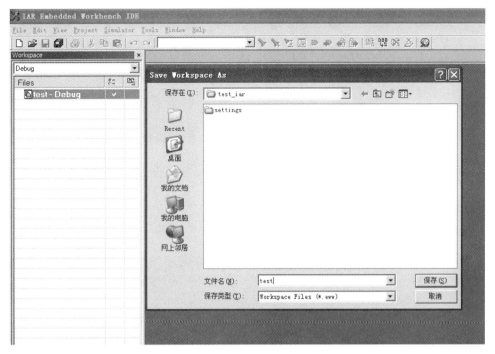

图 1.47 保存工作区

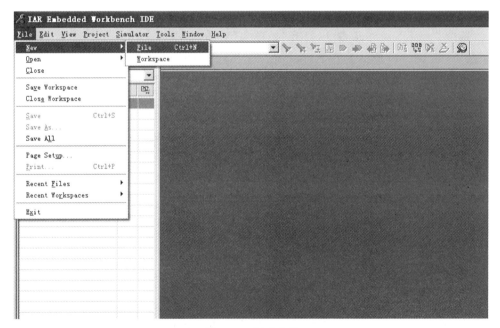

图 1.48 新建文件

向文件里添加如下代码：

```c
#include "ioCC2530.h"
void Delay(unsigned char n)
{
    unsigned char i;
    unsigned int j;
    for(i = 0; i < n; i++)
    for(j = 1; j < 1000; j++) ;
}
void main(void)
{
    P1SEL = 0x00;                    //P1.0 为普通 I/O 端口
    P1DIR = 0x3;                     //P1.0 P1.1 输出
    while(1)
    {
        P1_1 = 1;
        Delay(10);
        P1_0 = 0;
        Delay(10);
        P1_1 = 0;
        Delay(10);
        P1_0 = 1;
        Delay(10);
    }
}
```

选择菜单 File→Save 命令，打开"另存为"对话框，填写文件名为 test.c，单击"保存"按钮，如图 1.49 所示。

图 1.49　保存新建文件

按照前面添加文件的方法将 test.c 添加到当前工程里,如图 1.50 所示。

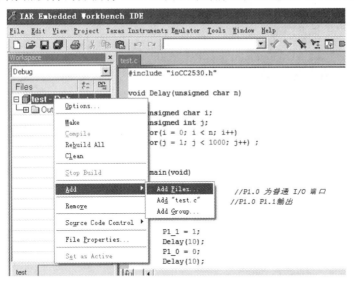

图 1.50　将新建文件加入工程

选择刚刚编写好的文件 test.c,将新建文件 test.c 加入工程,如图 1.51 所示。

图 1.51　将新建文件 test.c 加入工程

完成结果如图 1.52 所示。

3. 配置工程选项

选择菜单 Project→Options 命令,打开 Options 对话框,配置与 CC2530 相关

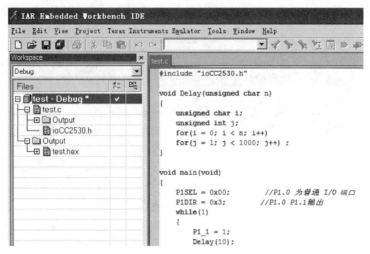

图 1.52　加入新文件后的工程

的选项。

1）General Options→Target 标签

单击 Device information 栏右侧的 ▦ 按钮，选择 CC2530 配置文件，如这里选择
IAR Systems\Embedded Workbench 5.3 Evaluation version\8051\config\devices\
Texas Instruments\CC2530.i51。

按图 1.53 配置 Target，选择 Code model 为 Near，Data model 为 Large，Calling
convention 为 XDATA stack reentrant，以及其他参数。

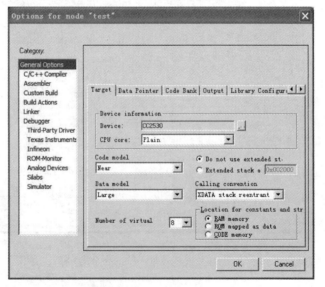

图 1.53　Target 标签配置

2）General Options→Data Pointer 标签

选择 Number of DPTRs（数据指针数）1 个，16 位（默认值），如图 1.54 所示。

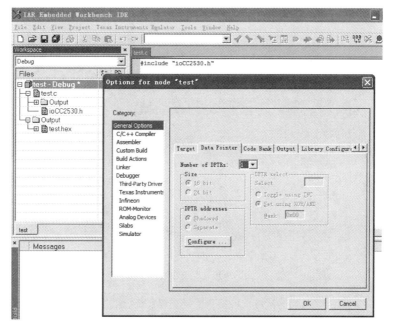

图 1.54 数据指针选择

3) General Options→Stack/Heap 标签

改变 XDATA Stack sizes(栈大小)到 0x1FF，如图 1.55 所示。

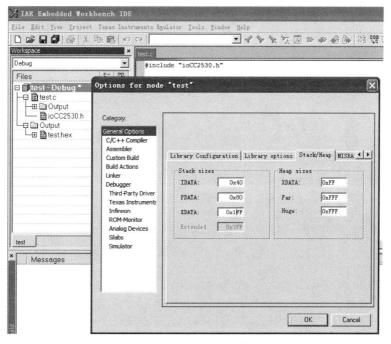

图 1.55 Stack/Heap 设置

4）Linker→Output 标签

选中 Override default 可以在下面的文本框中更改输出文件名。如果要用 C-SPY 进行调试，选中 Format 选项区域的 Debug information for C-SPY，输出文件配置如图 1.56 所示。

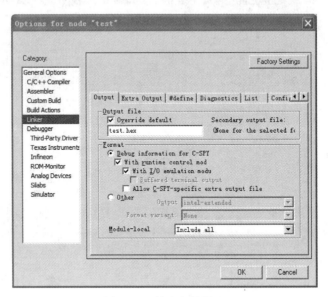

图 1.56　输出文件设置

5）Linker→Config 标签

单击 Linker command file 栏文本框右边的 按钮，选择连接命令文件 lnk51ew_cc2530.xcl，如图 1.57 所示。

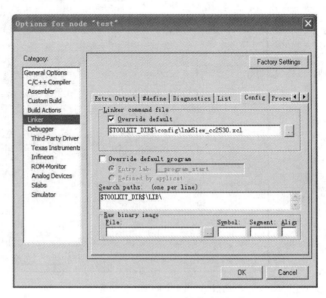

图 1.57　Config 标签配置

6) Debugger→Setup 标签

如图 1.58 所示,设置 Driver 选项为 Texas Instruments。

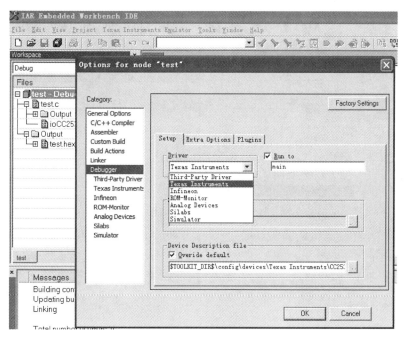

图 1.58　Debugger 配置

在 Device Description file 区域选择 CC2530.ddf 文件,其位置在程序安装文件夹下,如 C:\Program Files\IAR Systems\Embedded Workbench 5.3 Evaluation version\8051\config\devices\Texas Instruments,如图 1.59 所示。

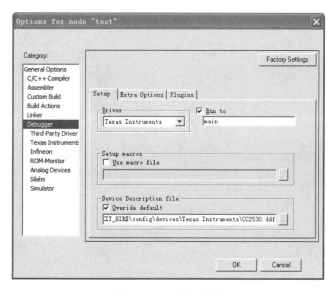

图 1.59　配置调试器

4. 编译和连接

选择菜单 Project→Make 命令或按 F7 键编译和连接工程，如图 1.60 所示。

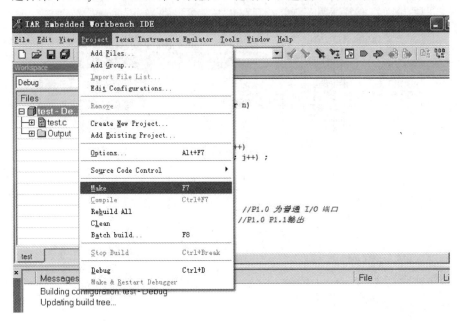

图 1.60　编译和连接工程

项目 **2**

通用I/O端口控制

2.1　项目任务和指标

本项目将完成通过 I/O 端口控制 LED 灯任务。

通过本项目的实施,读者应掌握通用 I/O 端口的基本知识和基本功能,重点掌握通用 I/O 端口的相关寄存器的概念和应用。

2.2　项目的预备知识

2.2.1　通用 I/O 端口简介

CC2530 有 21 个输入/输出引脚,可以配置为通用数字 I/O 引脚或外设 I/O 信号,另外一些 I/O 端口还可以连接到 ADC、定时器或 USART 外设。I/O 端口功能的实现是通过一系列的寄存器配置,由软件实现。I/O 端口的重要特点如下:

（1）21 个数字 I/O 引脚。

（2）可以配置为通用 I/O 或外部设备 I/O。

（3）输入口具备上拉或下拉能力。

（4）具有外部中断能力。

当 I/O 端口用作通用 I/O 时,引脚可以组成 3 个 8 位端口,端口 0、端口 1 和端口 2 分别用 P0、P1 和 P2 表示。

（1）端口 0 即 P0 端口:有 8 位端口,分别是 P0_0～P0_7。

（2）端口 1 即 P1 端口：有 8 位端口，分别是 P1_0～P1_7。

（3）端口 2 即 P2 端口：有 5 位端口，分别是 P2_0～P2_4。

所有的端口均可通过 SFR 寄存器 P0、P1 和 P2 进行位寻址和字节寻址。根据寄存器的配置，每个端口可以被设置为通用 I/O 或者外设 I/O。

当用作通用 I/O 时，根据寄存器设置的不同，可以将端口设置为输入/输出状态。通用 I/O 端口常用的寄存器有功能寄存器 PxSEL（其中 x 端口的标号 0～2），方向寄存器 PxDIR（其中 x 端口的标号 0～2），配置寄存器 PxINP（其中 x 端口的标号 0～2）。

2.2.2 通用 I/O 端口相关寄存器

1. 寄存器 PxSEL

其中 x 为端口的标号 0～2，用来设置端口的每个引脚为通用 I/O 或者是外部设备 I/O，默认值。每当复位之后，所有的数字输入/输出引脚都设置为通用输入引脚。

2. 寄存器 PxDIR

用来设置每个端口引脚为输入或输出。只要设置 PxDIR 中的指定位为 1，对应的引脚就被设置为输出了。寄存器 P0DIR 如表 2.1 所示。

表 2.1 寄存器 P0DIR

位	名称	复位	R/W	描述
7：0	DIRP0_[7：0]	0x00	R/W	P0_7～P0_0 的 I/O 方向 0：输入 1：输出

符号 R/W 表示该位/位域的读写属性。RO 表示 Read Only（只读），WO 表示 Write Only（只写），R/W 表示 Read/Write（可读可写），W1C 表示写 1 清零。

3. 寄存器 PxINP

用来在通用 I/O 用作输入时将其设置为上拉、下拉或三态操作模式，默认值。复位之后，所有的端口均设置为带上拉的输入。要取消输入的上拉或下拉功能，就要将 PxINP 中的对应位设置为 1。I/O 引脚 P1_0 和 P1_1 即使外设功能是输入，也没有上拉/下拉功能。

注意：

（1）配置为外设 I/O 信号的引脚没有上拉/下拉功能。

（2）在电源模式 PM1、PM2 和 PM3 下拉 I/O 引脚保留当进入 PM1/PM2/PM3 时设置的 I/O 模式和输出值。

表 2.2 和表 2.3 列出了端口 P0 的相关寄存器。P1INP 寄存器和 P2INP 的寄存器如表 2.4 和表 2.5 所示。

表 2.2　P0SEL 寄存器

位	名称	复位	R/W	描　述
7：0	SELP0_[7：0]	0x00	R/W	P0_7～P0_0 功能选择 0：通用 I/O 1：外设功能

表 2.3　P0INP 寄存器

位	名称	复位	R/W	描　述
7：0	MDP0_[7：0]	0x00	R/W	P0_7～P0_0 的 I/O 输出模式 0：上拉/下拉 1：三态

注意：P0INP 位为 0 时,是上拉还是下拉由 P2INP 设置。

表 2.4　P1INP 寄存器

位	名称	R/W	描　述
7：2	MDP1_[7：2]	R/W	P1_7～P1_2 的 I/O 输出模式 0：上拉/下拉 1：三态
1：0	MDP1_[1：0]	RO	未使用

表 2.5　P2INP 寄存器

位	名称	R/W	描　述
7	PDUP2	R/W	端口 2 上拉/下拉选择,对所有端口 2 引脚设置为上拉/下拉输入 0：上拉 1：下拉
6	PDUP1	R/W	端口 1 的设置 0：上拉 1：下拉
5	PDUP0	R/W	端口 0 的设置 0：上拉 1：下拉
4：0	MDP2_[4：0]	R/W	P2_4～P2_0 的输入模式 0：上拉/下拉 1：三态

　　三态指的是高电平、低电平和高阻态。高阻态,亦称为高阻抗,相当于该门与它连接的电路处于断开状态。高阻态指的是电路的一种输出状态,既不是高电平也不是低电平。如果高阻态再输入下一级电路的话,对下级电路无任何影响,与没接一样,如果用万用表测的话有可能是高电平也有可能是低电平,随它后面接的电路而定。

2.3　项目实施

1．项目环境

（1）硬件：ZigBee(CC2530)模块，ZigBee下载调试板，USB仿真器和PC。

（2）软件：IAR Embedded Workbench for MCS-51。

2．项目原理

（1）硬件接口原理。ZigBee(CC2530)模块LED硬件接口电路图如图2.1所示。

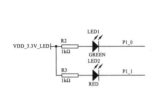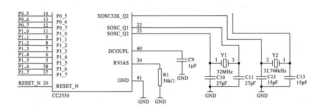

图2.1　LED硬件接口

ZigBee(CC2530)模块硬件上设计有2个LED灯，用来编程调试使用，分别连接CC2530的P1_0、P1_1两个I/O引脚。从原理图上可以看出2个LED灯共阳极，当P1_0、P1_1引脚为低电平时，LED灯点亮。

（2）CC2530 I/O相关寄存器，P1寄存器如表2.6所示，P1DIR寄存器的相关信息如表2.7所示。

表2.6　P1寄存器

位	名称	复位	R/W	描　　述
7：0	P1[7：0]	0xFF	R/W	端口1是通用I/O端口。位寻址从SFR开始。CPU内部寄存器是可读的，但是不可写，从XDATA(0x7090)开始

表2.7　寄存器P1DIR

位	名称	复位	R/W	描　　述
7：0	DIRP1_[7：0]	0x00	R/W	P1_7～P1_0的I/O方向 0：输入 1：输出

表2.6和表2.7列出了关于CC2530处理器的P1 I/O相关寄存器，其中只用到了P1和P1DIR两个寄存器的设置，P1寄存器为可读写的数据寄存器，P1DIR为I/O选择寄存器，其他I/O寄存器的功能使用默认配置。

3. 软件设计

```
#include < ioCC2530.h >
#define uint unsigned int
#define uchar unsigned char
//定义控制 LED 灯的端口
#define LED1 P1_0                    //定义 LED1 为 P10 端口控制
#define LED2 P1_1                    //定义 LED2 为 P11 端口控制
//函数声明
void Delay(uint);                    //延时函数
void Initial(void);                  //初始化 P1 端口
/ ****************************
//延时函数
**************************** /
void Delay(uint n)
{
    uint i,t;
    for(i = 0;i < 5;i++)
        for(t = 0;t < n;t++);
}
/ ****************************
//初始化程序
**************************** /
void Initial(void)
{
    P1DIR | = 0x03;                  //P1_0、P1_1 定义为输出
    LED1 = 1;                        //LED1 灯熄灭
    LED2 = 1;                        //LED2 灯熄灭
}
/ ****************************
//主函数
**************************** /
void main(void)
{
    Initial();                       //调用初始化函数
    LED1 = 0;                        //LED1 点亮
    LED2 = 0;                        //LED2 点亮
    while(1)
    {
        LED2 = !LED2;                //LED2 闪烁
        Delay(50000);
    }
}
```

程序通过配置 CC2530 I/O 寄存器的高低电平控制 LED 灯的状态,用循环语句实现程序的不间断运行。

4. 实施步骤

（1）使用 ZigBee Debuger USB 仿真器连接 PC 和 ZigBee（CC2530）模块，打开 ZigBee 模块开关供电。

（2）启动 IAR 开发环境，新建工程。

（3）在 IAR 开发环境中编译、运行、调试程序。

项目3

外部中断

3.1 项目任务和指标

本项目将完成通过按键中断控制 LED 灯任务。

通过本项目的实施,读者应掌握中断的概述、中断屏蔽寄存器和中断的处理方法及应用。

3.2 项目的预备知识

3.2.1 中断概述

CC2530 有 18 个中断源,每个中断源都有它自己的、位于一系列特殊功能寄存器 (Special Function Register,SFR)中的中断请求标志。每个中断可以分别使能或禁用。

中断是指计算机在执行期间,系统内发生任何非寻常的或非预期的急需处理的事件,使得 CPU 暂时中断当前正在执行的程序而转去执行相应的事件处理程序,待处理完毕后又返回原来被中断处继续执行的过程。

CC2530 中断描述如表 3.1 所示。

表 3.1 CC2530 中断概览

中断号码	描　　述	中断名称	中断向量	中断屏蔽,CPU	中断标志,CPU
0	RF 发送 FIFO 队列空或 RF 接收 FIFO 队列溢出	RFERR	03h	IEN0. RFERRIE	TCON. RFERRIE

续表

中断号码	描　　述	中断名称	中断向量	中断屏蔽,CPU	中断标志,CPU
1	ADC 转换结束	ADC	0Bh	IEN0.ADCIE	TCON.ADCIF
2	USART0 RX 完成	URX0	13h	IEN0.URX0IE	TCON.URX0IF
3	USART1 RX 完成	URX1	1Bh	IEN0.URX1IE	TCON.URX1IF
4	AES 加密/解密完成	ENC	23h	IEN0.ENCIE	S0CON.ENCIF
5	睡眠定时器比较	ST	2Bh	IEN0.STIE	IRCON.STIF
6	端口 2 输入/USB	P2INT	33h	IEN2.P2IE	IRCON2.P2IF
7	USART0 TX 完成	UTX0	3Bh	IEN2.UTX0IE	IRCON2.UTX0IF
8	DMA 传送完成	DMA	43h	IEN1.DMAIE	IRCON.DMAIF
9	定时器 1（16 位）捕获/比较/溢出	T1	4Bh	IEN1.T1IE	IRCON.T1IF
10	定时器 2	T2	53h	IEN1.T2IE	IRCON.T2IF
11	定时器 3（8 位）捕获/比较/溢出	T3	5Bh	IEN1.T3IE	IRCON.T3IF
12	定时器 4（8 位）捕获/比较/溢出	T4	63h	IEN1.T4IE	IRCON.T4IF
13	端口 0 输入	P0INT	6Bh	IEN1.P0IE	IRCON.P0IF
14	USART1 TX 完成	UTX1	73h	IEN2.UTX1IE	IRCON2.UTX1IF
15	端口 1 输入	P1INT	7Bh	IEN2.P1IE	IRCON2.P1IF
16	RF 通用中断	RF	83h	IEN2.RFIE	S1CON.RFIF
17	看门狗计时溢出	WDT	8Bh	IEN2.WDTIE	IRCON.WDTIF

3.2.2　中断屏蔽

1. 中断屏蔽寄存器

中断屏蔽是指在中断请求产生之后,系统用软件方式有选择地封锁部分中断而允许其余部分的中断仍能得到响应。

中断使能是让中断可以被触发,可以进入中断服务程序;如果是中断禁止状态的话,即使中断信号来了也不会触发中断,也就不会进入中断服务程序。中断使能寄存器有 IEN0、IEN1 和 IEN2,通常用 1 表示中断禁止,用 0 表示中断使能。

每个中断请求可以通过设置中断使能寄存器 IEN0、IEN1 或者 IEN2 的中断使能位使能或禁止。某些外部设备会因为若干中断时间产生中断请求。这些中断请求可以作用于 P0 端口、P1 端口、P2 端口、DMA、计数器或者 RF 上。对于每个内部中断源对应的特殊功能寄存器,这些外部设备都有中断屏蔽位。寄存器 IEN0、IEN1 和 IEN2 如表 3.2~表 3.4 所示。

表 3.2 IEN0——中断使能寄存器 0

位	名称	复位	R/W	描　述
7	EA	0	R/W	禁用所有中断 0：无中断被禁用 1：通过设置对应的使能位将每个中断源分别使能和禁止
6	—	0	RO	不使用,读出来是 0
5	STIE	0	R/W	睡眠定时器中断使能 0：中断禁止 1：中断使能
4	ENCIE	0	R/W	AES 加密/解密中断使能 0：中断使能 1：中断禁止
3	URX1IE	0	R/W	USART 1 RX 中断使能 0：中断使能 1：中断禁止
2	URX0IE	0	R/W	USART 0 RX 中断使能 0：中断使能 1：中断禁止
1	ADCIE	0	R/W	ADC 中断使能 0：中断使能 1：中断禁止
0	RFERRIE	0	R/W	RF TX/RX FIFO 中断使能 0：中断使能 1：中断禁止

表 3.3 IEN1——中断使能寄存器 1

位	名称	复位	R/W	描　述
7：6	—	00	RO	没有使用,读出来是 0
5	P0IE	0	R/W	端口 0 中断使能 0：中断禁止 1：中断使能
4	T4IE	0	R/W	定时器 4 中断使能 0：中断禁止 1：中断使能
3	T3IE	0	R/W	定时器 3 中断使能 0：中断禁止 1：中断使能
2	T2IE	0	R/W	定时器 2 中断使能 0：中断禁止 1：中断使能

位	名称	复位	R/W	描　述
1	T1IE	0	R/W	定时器 1 中断使能 0：中断禁止 1：中断使能
0	DMAIE	0	R/W	DMA 传输中断使能 0：中断禁止 1：中断使能

表 3.4　IEN2——中断使能寄存器 2

位	名称	复位	R/W	描　述
7：6	—	00	RO	没有使用，读出来是 0
5	WDTIE	0	R/W	看门狗定时器中断使能 0：中断禁止 1：中断使能
4	P1IE	0	R/W	端口 1 中断使能 0：中断禁止 1：中断使能
3	UTX1IE	0	R/W	USART1 TX 中断使能 0：中断禁止 1：中断使能
2	UTX0IE	0	R/W	USART0 TX 中断使能 0：中断禁止 1：中断使能
1	P2IE	0	R/W	端口 2 中断使能 0：中断禁止 1：中断使能
0	RFIE	0	R/W	RF 一般中断使能 0：中断禁止 1：中断使能

在上面 3 个寄存器中，IEN0.EA 对总中断进行中断使能控制，其余部分对所有中断源进行中断使能控制（包括 P1、P2 和 P3 三个端口中断的使能及外设中断使能）。

寄存器 P0IEN、P11EN、P2IEN 为 P0、P1 和 P2 端口每个引脚设置中断使能，如表 3.5～表 3.7 所示。

表 3.5　P0IEN——端口 0 位中断屏蔽

位	名称	复位	R/W	描　述
7：0	P0_[7：0]IEN	0x00	R/W	端口 P0.7～P0.0 中断使能 0：中断禁用 1：中断使能

表 3.6 P1IEN——端口 1 位中断屏蔽

位	名称	复位	R/W	描　　述
7：0	P1_[7：0]IEN	0x00	R/W	端口 P1.7～P1.0 中断使能 0：中断禁用 1：中断使能

表 3.7 P2IEN——端口 2 位中断屏蔽

位	名称	复位	R/W	描　　述
7：6	—	00	R/W	未使用
5	DPIEN	0	R/W	USB D＋中断使能
4：0	P2_[4：0]IEN	0 0000	R/W	端口 P2.4～P2.0 中断使能 0：中断禁用 1：中断使能

2. 中断使能的步骤

按键中断控制的步骤如下：

（1）PxIEN：在引脚中断功能配置时，常需要设置 P0IEN，主要是开启/关闭引脚的中断功能。为 1 时开启，为 0 时关闭中断。例如，开启 S1 按钮中断为 P0IEN|＝BIT4。

（2）PICTL：可以控制 Px 口中断触发信号，上升沿触发、下降沿触发。由于按键在未按下时处于高电平，按下后为低电平，松开后又为高电平，所以会产生下降沿触发信号，配置为下降沿触发即可，PICTL|＝BIT0。

（3）IEN1：除了配置引脚，还需要开启端口引脚中断使能，如开启 P0 端口中断使能，IEN1|＝BIT5。

（4）PxIFG：在开启中断前需要先清除中断标志，以免误入中断造成系统混乱，如 P0IFG&＝～BIT4。

（5）系统中断使能：在任何中断操作时，都需要开启系统中断，如 EA＝1。

中断使能的步骤如图 3.1 所示。

（1）使 IEN0 中 IEN0.EA 位为 1，开中断。

（2）设置寄存器 IEN0、IEN1 和 IEN2 中相应中断使能位为 1。

（3）如果需要，则设置 P0、P1、P2 各引脚对应的各中断使能位为 1。

（4）最后在寄存器 PICTL 中设置中断是上升沿还是下降沿触发。

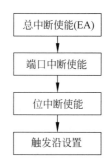

图 3.1　中断使能的步骤

3.2.3　中断处理

当中断发生时，无论该中断使能或禁止，CPU 都会在中断标志寄存器中设置终端标志位,在程序中可以通过中断标志来判断是否发生了相应的中断。如果当设置中断标志时中断使能,那么在下一个指令周期,由硬件强行产生一个长调用指令 LCALL 到对应的向量地址,运行中断服务程序,中断的响应需要不同的时间,取决于该中断发生时 CPU 的状态。当 CPU 正在运行的中断服务程序,其优先级大于或等于新的中断时,新的中断暂不运行,直至新的中断的优先级高于正在运行的中断服务程序。

　　TCON、SCON、S1CON、IRCON、IRCON2 是 CC2530 的 5 个中断标志寄存器,如表 3.8～表 3.12 所示。

表 3.8　TCON——中断标志寄存器 1

位	名称	复位	R/W	描　　述
7	URX1IF	0	R/WH0	USART 1 RX 中断标志。当 USART 1 RX 中断发生时设为 1,当 CPU 指向中断向量服务例程时清除 0:无中断未决 1:中断未决
6	—	0	R/W	没有使用
5	ADCIF	0	R/WH0	ADC 中断标志。当 ADC 中断发生时设为 1,当 CPU 指向中断向量服务例程时清除 0:无中断未决 1:中断未决
4	—	0	R/W	没有使用
3	URX0IF	1	R/WH0	USART 0 RX 中断标志。当 USART0 中断发生时设为 1,当 CPU 指向中断向量服务例程时清除 0:无中断未决 1:中断未决
2	IT1	1	R/W	保留。必须一直设为 1。设置为 0 将使能低级别中断探测,几乎总是如此(启动中断请求时执行一次)
1	RFERRIF	0	R/WH0	RF TX、RX FIFO 中断标志。当 RFERR 中断发生时设为 1,当 CPU 指向中断向量服务例程时清除 0:无中断未决 1:中断未决
0	IT0	1	R/W	保留。必须一直设为 1。设置为 0 将使能低级别中断探测,几乎总是如此(启动中断请求时执行一次)

表 3.9 S0CON——中断标志寄存器 2

名称	复位	R/W	描 述
—	0000 00	R/W	没有使用
ENCIF_1	0	R/W	AES 中断。ENC 有两个中断标志。当 AES 协处理器请求中断时两个标志都要设置 0：无中断未决 1：中断未决
ENCIF_0	0	R/W	AES 中断。ENC 有两个中断标志。当 AES 协处理器请求中断时两个标志都要设置 0：无中断未决 1：中断未决

表 3.10 S1CON——中断标志寄存器 3

位	名称	复位	R/W	描 述
7：2	—	0000 00	R/W	没有使用
1	RFIF_1	0	R/W	RF 一般中断。RF 有两个中断标志，RFIF_1 和 RFIF_0，设置其中一个标志就会请求中断服务。当无线设备请求中断时两个标志都要设置 0：无中断未决 1：中断未决
0	RFIF_0	0	R/W	RF 一般中断。RF 有两个中断标志，RFIF_1 和 RFIF_0，设置其中一个标志就会请求中断服务。当无线电请求中断时两个标志都要设置 0：无中断未决 1：中断未决

表 3.11 IRCON——中断标志寄存器 4

位	名称	复位	R/W	描 述
7	STIF	0	R/W	睡眠定时器中断标志 0：无中断未决 1：中断未决
6	—	0	R/W	必须写为 0。写入 1 总是使能中断源
5	P0IF	0	R/W	端口 0 中断标志 0：无中断未决 1：中断未决
4	T4IF	0	R/WH0	定时器 4 中断标志。当定时器 4 中断发生时设为 1，当 CPU 指向中断向量服务例程时清除 0：无中断未决 1：中断未决

位	名称	复位	R/W	描述
3	T3IF	0	R/WH0	定时器 3 中断标志。当定时器 3 中断发生时设为 1，当 CPU 指向中断向量服务例程时清除 0：无中断未决 1：中断未决
2	T2IF	0	R/WH0	定时器 2 中断标志。当定时器 2 中断发生时设为 1，当 CPU 指向中断向量服务例程时清除 0：无中断未决 1：中断未决
1	T1IF	0	R/WH0	定时器 1 中断标志。当定时器 1 中断发生时设为 1，当 CPU 指向中断向量服务例程时清除 0：无中断未决 1：中断未决
0	DMAIF	0	R/W	DMA 完成中断未决 0：无中断未决 1：中断未决

表 3.12　IRCON2——中断标志寄存器 5

位	名称	复位	R/W	描述
7：5	—	000	R/W	没有使用
4	WDTIF	0	R/W	看门狗定时器中断标志 0：无中断未决 1：中断未决
3	P1IF	0	R/W	端口 1 中断标志 0：无中断未决 1：中断未决
2	UTX1IF	0	R/W	USART 1 TX 中断标志 0：无中断未决 1：中断未决
1	UTX0IF	0	R/W	USART 0 TX 中断标志 0：无中断未决 1：中断未决
0	P2IF	0	R/W	端口 2 中断标志 0：无中断未决 1：中断未决

P0IFG、P1IFG、P2IFG 是端口 0、端口 1、端口 2 每一位的中断标志寄存器，如表 3.13~表 3.15 所示。

表 3.13 P0IFG——端口 0 位中断标志位

位	名称	复位	R/W	描　述
7：0	P0IF[7：0]	0x00	R/W0	端口 0，位 7～位 0 输入中断状态标志。当输入端口中断请求未决信号时，其相应的标志位将置 1

表 3.14 P1IFG——端口 1 位中断标志位

位	名称	复位	R/W	描　述
7：0	P0IF[7：0]	0x00	R/W0	端口 1，位 7～位 0 输入中断状态标志。当输入端口中断请求未决信号时，其相应的标志位将置 1

表 3.15 P2IFG——端口 2 位中断标志位

位	名称	复位	R/W	描　述
7：6	—	0	R0	不用
5	DPIF	0	R/W	USB D+中断状态标志。当 D+线有一个中断请求未决时设置该标志，用于检测 USB 挂起状态下的 USB 恢复事件。当 USB 控制器没有挂起时不设置该标志
4：0	P2IF[4：0]	0	R/W	端口 2，位 4～位 0 输入中断状态标志。当输入端口引脚有中断请求未决信号时，其相应的标志位将置 1

3.3 项目实施

1. 项目环境

（1）硬件：ZigBee(CC2530)模块、ZigBee 下载调试板、USB 仿真器和 PC。

（2）软件：IAR Embedded Workbench for MCS-51。

2. 项目原理

1）硬件接口原理

按键接口如图 3.2 所示。

CC2530 开发板有三个按键：一个复位按键，其余两个按键可以通过编程进行控制。当按键按下时，相应的管脚输出低电平。在此采用下降沿触发中断的方式检测是否有按键按下。

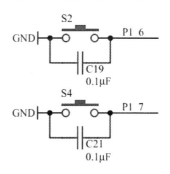

图 3.2 按键接口原理图

2）CC2530 相关寄存器

P1SEL 寄存器的详细信息如表 3.16 所示。

表 3.16 P1SEL 寄存器

位	名称	复位	R/W	描 述
7：0	SELP1_[7：0]	0x00	R/W	P1_7~P1_0 功能选择 0：通用 I/O 1：外设功能

P1DIR 寄存器的详细信息如表 3.17 所示。

表 3.17 P1DIR 寄存器

位	名称	复位	R/W	描 述
7：0	DIRP1_[7：0]	0x00	R/W	P1_7~P1_0 的 I/O 方向 0：输入 1：输出

P1INP 寄存器的详细信息如表 3.18 所示。

表 3.18 P1INP 寄存器

位	名称	R/W	描 述
7：2	MDP1_[7：2]	R/W	P1_7~P1_2 的 I/O 输出模式 0：上拉/下拉 1：三态
1：0	MDP1_[1：0]	RO	未使用

P2INP 寄存器的详细信息如表 3.19 所示。

表 3.19 P2INP 寄存器

位	名称	R/W	描 述
7	PDUP2	R/W	端口 2 上拉/下拉选择,对所有端口 2 引脚设置为上拉/下拉输入 0：上拉 1：下拉
6	PDUP1	R/W	端口 1 的设置 0：上拉 1：下拉
5	PDUP0	R/W	端口 0 的设置 0：上拉 1：下拉
4：0	MDP2_[4：0]	R/W	P2_4~P2_0 的输入模式 0：上拉/下拉 1：三态

PICTL 寄存器的详细信息如表 3.20 所示。

表 3.20　PICTL 寄存器

位	名称	复位	R/W	描　述
7	PADSC	00	RO	控制 I/O 引脚在输出模式下的驱动能力,选择输出驱动能力补偿引脚 DVDD 的低 I/O 电压(为了确保在较低电压下的驱动能力和较高电压下的驱动能力相同) 0：最小驱动能力增强,DVDD1/2 等于或大于 2.6V 1：最大驱动能力增强,DVDD1/2 小于 2.6V
6：4	—	000	RO	保留
3	P2ICON	0	R/W	端口 2 的 P2.4～P2.0 输入模式下的中断配置,该位为所有端口 2 的输入 P2.4～P2.0 选择中断请求条件 0：输入的上升沿引起中断 1：输入的下降沿引起中断
2	P1ICONH	0	R/W	端口 1 的 P1.7～P1.4 输入模式下的中断配置,该位为所有端口 1 的输入 P1.7～P1.4 选择中断请求条件 0：输入的上升沿引起中断 1：输入的下降沿引起中断
1	P1ICONL	0	R/W	端口 1 的 P1.4～P1.0 输入模式下的中断配置,该位为所有端口 1 的输入 P1.4～P1.0 选择中断请求条件 0：输入的上升沿引起中断 1：输入的下降沿引起中断
0	P0ICON	0	R/W	端口 0 的 P0.7～P0.0 输入模式下的中断配置,该位为所有端口 0 的输入 P0.7～P0.0 选择中断请求条件 0：输入的上升沿引起中断 1：输入的下降沿引起中断

3. 软件设计

```
/* 包含头文件 */
/******************************************************/
# include "ioCC2530.h"    // CC2530 的头文件,包含对 CC2530 的寄存器、中断向量等的定义
/******************************************************/
/******************************************************
* 函数名称: delay
* 功  能: 软件延时
* 入口参数: t 延时参数,值越大延时时间越长
* 出口参数: 无
```

```
   * 返 回 值: 无
   *************************************************************** /
  void delay(unsigned short t)
  {
    unsigned char i,j;
    while( -- t)
    {
      j = 200;
      while( -- j)
        while( -- i);
    }
  }
  / ***************************************************************
   * 函数名称: EINT_ISR
   * 功 能: 外部中断服务函数
   * 入口参数: 无
   * 出口参数: 无
   * 返 回 值: 无
   *************************************************************** /
  #pragma vector = P1INT_VECTOR
  __interrupt void EINT_ISR(void)
  {
    EA = 0;                     // 关闭全局中断
    /* 若是 P2.0 产生的中断 */
    if(P1IFG & 0x40)
    {
      /* 切换 LED1(绿色)的亮灭状态 */
      if(P1_0 == 0)        // 若之前是控制 LED1(绿色)点亮,则现在熄灭 LED1
      {
        P1_0 = 1;
      }
      else                 // 若之前是控制 LED1(绿色)熄灭,则现在点亮 LED1
      {
        P1_0 = 0;
      }
      /* 切换 LED2(红色)的亮灭状态 */
      if(P1_1 == 0)        // 若之前是控制 LED2(红色)点亮,则现在熄灭 LED2
      {
        P1_1 = 1;
      }
      else                 // 若之前是控制 LED2(红色)熄灭,则现在点亮 LED2
      {
        P1_1 = 0;
      }
      /* 切换 LED3(黄色)的亮灭状态 */
      /* 等待用户释放按键,并消抖 */
      while(P1_6 & 0x40);
      delay(10);
```

```
    while(P1_6 & 0x40);
    /* 清除中断标志 */
    P1IFG &= ~0x40;        // 清除 P1.6 中断标志
    IRCON2 &= ~0x08;       // 清除 P1 端口中断标志
  }
    if(P1IFG & 0x80)
  {
    /* 切换 LED1(绿色)的亮灭状态 */
    if(P1_0 == 0)          // 若之前是控制 LED1(绿色)点亮,则现在熄灭 LED1
    {
      P1_0 = 1;
    }
    else                   // 若之前是控制 LED1(绿色)熄灭,则现在点亮 LED1
    {
      P1_0 = 0;
    }
    /* 切换 LED2(红色)的亮灭状态 */
    if(P1_1 == 0)          // 若之前是控制 LED2(红色)点亮,则现在熄灭 LED2
    {
      P1_1 = 1;
    }
    else                   // 若之前是控制 LED2(红色)熄灭,则现在点亮 LED2
    {
      P1_1 = 0;
    }
    /* 切换 LED3(黄色)的亮灭状态 */
    /* 等待用户释放按键,并消抖 */
    while(P1_7 & 0x80);
    delay(10);
    while(P1_7& 0x80);
    /* 清除中断标志 */
    P1IFG &= ~0x80;        // 清除 P1.7 中断标志
    IRCON2 &= ~0x08;       // 清除 P1.0 端口中断标志
  }
  EA = 1;                  // 使能全局中断
}
/***********************************************************
* 函数名称: main
* 功 能: main 函数入口
* 入口参数: 无
* 出口参数: 无
* 返 回 值: 无
*********************************************************** /
void main(void)
{
  /*
```

　　由于 CC253x 系列片上系统上电复位后,所有 21 个数字 I/O 均默认为具有上拉的通用输入 I/O,因此本实验只需要改变作为 LED 控制信号的 P1.0、P1.1 和 P1.4 方向为输出即可.另外还需要将 P2.0 设置为输入下拉模式.

在用户的实际应用开发中,我们建议用户采用如下步骤来配置数字 I/O:

(1) 设置数字 I/O 为通用 I/O;

(2) 设置通用 I/O 的方向;

(3) 若通用 I/O 的方向被配置为输入,可配置上拉/下拉/三态模式,在此实验中不需要配置;

(4) 若通用 I/O 的方向被配置为输出,可设置其输出高/低电平.

```
    * /
P1SEL = 0;
/ * 配置 P1.0、P1.1 和 P1.4 的方向为输出  * /
P1DIR | = 0x03;              // 0x13 = 0B00010011
P1_0 = 1;                    // P1.0 输出低电平熄灭其所控制的 LED1(绿色)
P1_1 = 1;                    // P1.1 输出低电平熄灭其所控制的 LED2(红色)
/ * 配置 P1 端口的中断边沿下降沿产生中断  * /
PICTL | = 0x02;
/ * 使能 P1.6 和 P1.7 中断  * /
P1IEN | = 0xC0;
/ * 使能 P1 端口中断  * /
IEN2 | = 0x10;
/ * 使能全局中断  * /
EA = 1;
while(1);
}
```

4. 实施步骤

(1) 启动 IAR 开发环境,新建工程。

(2) 在 IAR 开发环境中编译、运行、下载程序。

(3) 通过两个按键来控制两个 LED 的亮灭。

项目4

定时器控制

4.1 项目任务和指标

本项目将完成定时器的控制任务。

通过本项目的实施,读者应掌握片内外设 I/O 的应用,定时器的概念,定时器的寄存器和操作的应用,以及睡眠定时器的应用。

4.2 项目的预备知识

4.2.1 片内外设 I/O

USART、定时器和 ADC 这样的片内外设同样也需要 I/O 实现其功能。对于 USART 和定时器有两个可以选择的位置对应它们的 I/O 引脚,如表 4.1 所示。

在前面的项目中,当这些 I/O 引脚被用作通用的,需要设置对应的 PxSEL 位为 0,而如果 I/O 引脚被选择实现片内外设 I/O 功能,需要设置对应的 PxSEL 为 1。

片内外设 I/O 位置的选择使用寄存器 PERCFG 控制,PERCFG 是外设控制寄存器,用来选择外设使用哪个 I/O 端口。

寄存器 PERCFG 可以设置定时器和 USART 使用备用位置 1 还是备用位置 2,如表 4.2 所示。

如果 I/O 映射有冲突,可以在有冲突的组合之间设置优先级。优先级是通过寄存器 P2SEL 和 P2DIR 来设置的。P2SEL 寄存器的设置如表 4.3 所示。P2DIR 寄存器的设置如表 4.4 所示。

表 4.1 外设 I/O 引脚映射

外设/功能	P0								P1								P2				
	7	6	5	4	3	2	1	0	7	6	5	4	3	2	1	0	4	3	2	1	0
ADC	A7	A6	A5	A4	A3	A2	A1	A0													T
USART0 SP1			C	SS	M0	MI															
Alt. 2											M0	MI	C	SS							
USART0 UART			RT	CT	TX	RX															
Alt. 2											TX	RX	RT	CT							
USART1 SP1			M1	M0	C	SS															
Alt. 2											M1	M0	C	SS							
USART1 UART			RX	TX	RT	CT															
Alt. 2											RX	TX	RT	CT							
TIMER1		4	3	2	1	0															
Alt. 2	3	4												0	1	2					
TIMER3													1	0							
Alt. 2										1	0										
TIMER4														1	0						
Alt. 2																		1			0
32kHz XOSC																	Q1	Q2			
DEBUG																				DC	DD

表 4.2 寄存器 PERCFG

位	名称	复位	R/W	描 述
7	—	0	R0	没有使用
6	T1CFG	0	R/W	定时器 1 的 I/O 设置 0：备用位置 1 1：备用位置 2

续表

位	名称	复位	R/W	描　述
5	T3CFG	0	R/W	定时器 3 的 I/O 设置 0：备用位置 1 1：备用位置 2
4	T4CFG	0	R/W	定时器 4 的 I/O 设置 0：备用位置 1 1：备用位置 2
3：2	—	0	R0	没有使用
1	U1CFG	0	R/W	USART 1 的 I/O 设置 0：备用位置 1 1：备用位置 2
0	U0CFG	0	R/W	USART 0 的 I/O 设置 0：备用位置 1 1：备用位置 2

表 4.3 P2SEL 寄存器设置

位	名称	复位	R/W	描　述
7	—	0	RO	保留
6	PRI3P1	0	R/W	端口 1 外设优先级控制,当模块被指派到相同的引脚时,确定哪个优先 0：USART 0 优先 1：USART 1 优先
5	PRI2P1	0	R/W	端口 1 外设优先级控制,当 PERCFG 分配 USART 1 和定时器 3 到相同引脚时,确定优先次序 0：USART 1 优先 1：定时器 3 优先
4	PRI1P1	0	R/W	端口 1 外设优先级控制。当 PECFG 分配定时器 1 和定时器 4 到相同引脚时,确定优先次序 0：定时器 1 优先 1：定时器 4 优先
3	PRI0P1	0	R/W	端口 1 外设优先级控制,当 PERCFG 分配 USART 0 和定时器 1 到相同引脚时,确定优先次序 0：USART 0 优先 1：定时器 1 优先
2：0	端口 2 功能选择			

表 4.4 P2DIR 寄存器设置

位	名称	复位	R/W	描　　　述
7：6	PRIP0	00	R/W	端口 0 外设优先级控制。当 PERCFG 分配给一些外设到相同引脚时,这些位将确定优先级,下面是详细的优先级列表 00 第 1 优先级：USART 0 第 2 优先级：USART 1 第 3 优先级：定时器 1 01 第 1 优先级：USART 1 第 2 优先级：USART 0 第 3 优先级：定时器 1 10 第 1 优先级：定时器 1 通道 0-1 第 2 优先级：USART 1 第 3 优先级：USART 0 第 4 优先级：定时器 1 通道 2-3 11 第 1 优先级：定时器 1 通道 2-3 第 2 优先级：USART 0 第 3 优先级：USART 1 第 4 优先级：定时器 1 通道 0-1
5	—	0	R0	保留
4：0	端口 2 方向选择			

4.2.2 定时器简介

CC2530 共有 4 个定时器,即 T1、T2、T3、T4。定时器用于范围广泛的控制和测量应用,用 5 个通道的正计数/倒计数模式可以实现诸如电机控制之类的应用。CC2530 还有一个睡眠定时器,和定时器 T2 配合使用,可以使 CC2530 进入低功耗模式。

T1 为 16 位定时/计数器,支持输入采样、输出比较和 PWM 功能。T1 有 5 个独立的输入采样/输出比较通道,每个通道对应一个 I/O 端口。T2 为 MAC 定时器,T3、T4 为 8 位定时/计数器,支持输出比较和 PWM 功能。T3、T4 有两个独立的输出比较通道,每个通道对应一个 I/O 端口。

T1 是一个独立的 16 位定时器,支持典型的定时/计数功能,如输入捕获、输出比较、PWM 功能。T1 有 5 个独立的捕获/比较通道。每个通道定时器使用一个 I/O 引脚。T1 的主要特征如下：

(1) 5 个捕获/比较通道。

(2) 上升沿、下降沿或任何边沿的输入捕获。

(3) 设置、清除或切换输出比较。

（4）自由运行、模或正计数/倒计数操作。

（5）可被 1、8、32 或 128 整除的时钟分频器。

（6）在每个捕获/比较通道和最终计数器上生成中断请求。

（7）DMA 触发功能。

T2 主要用于为 IEEE 802.15.4 CSAM/CA 算法提供定时，并且为 IEEE 802.15.4 MAC 层提供一般的计时功能。当 T2 和睡眠定时器一起使用时，即使系统进入低功耗模式也会提供定时功能，此时时钟速度必须设置为 32MHz，并且必须使用一个外部 32kHz XOSC 获得精确结果。T2 的主要特征如下：

（1）16 位定时器正计数提供的符号/帧周期。

（2）可变周期可精确到 31.25ns。

（3）2×16 位定时器比较功能。

（4）24 位溢出计数。

（5）2×24 位溢出计数比较功能。

（6）帧开始界定符（SFD）捕捉功能，即在无线模块的帧开始界定符的状态变高时捕获。

（7）定时器启动/停止同步于外部 32kHz 时钟，并且由睡眠定时器提供定时。

（8）比较和溢出产生中断。

（9）具有 DMA 触发功能。

（10）通过引入延迟可调整定时器值。

4.2.3　T1 寄存器

PERCFG. T1CFG 选择是否使用备用位置 1 或备用位置 2。

T1 是一个 16 位的定时器，在每个活动时钟边沿递增或递减。活动时钟边沿周期由寄存器位 CLKCONCMD. TICKSPD 定义，它设置了全球系统时钟的划分，提供了 0.25～32MHz 的不同的时钟标签频率（可以使用 32MHz XOSC 作为时钟源）。

在 T1 中由 T1CTL. DIV 设置的分频值进一步划分，这个分频值可以为 1、8、32 或 128。因此当 32MHz 晶振用作系统时钟源时，T1 可以使用的最低时钟频率是 1953.125Hz，最高是 32MHz；当 16MHz RC 振荡器用作系统时钟源时，T1 可以使用的最高时钟频率是 16MHz。

T1 由以下寄存器组成：

（1）T1CNTH——T1 计数高位。

（2）T1CNTL——T1 计数低位。

（3）T1CTL——T1 控制。

（4）T1STAT——T1 状态。

T1 寄存器如表 4.5～表 4.7 所示。

表 4.5　T1CNTH——T1 计数器高位寄存器

位	名称	复位	R/W	描述
7：0	CNT[15：8]	0x00	R	定时器计数器高字节。包含在读取 T1CNTL 时定时计数器缓存的高 16 位字节

表 4.6　T1CNTL——T1 计数器低位寄存器

位	名称	复位	R/W	描述
7：0	CNT[7：0]	0x00	R/W	定时器计数器低字节。包括 16 位定时计数器低字节。往该寄存器中写任何值,导致计数器被清除为 0x0000,初始化所有相通道的输出引脚

表 4.7　T1CTL——T1 的控制寄存器

位	名称	复位	R/W	描述
7：4	—	000 0	RO	保留
3：2	DIV[1：0]	00	R/W	分频器划分值。产生主动的时钟边沿用于更新计数器 00:标记频率/1 01:标记频率/8 10:标记频率/32 11:标记频率/128
1：0	MODE[1：0]	00	R/W	选择定时器 1 模式。定时器操作模式通过下列方式选择: 00:暂停运行 01:自由运行,0x0000～0xFFFF 反复计数 10:模,0x0000～T1CC0 反复计数 11:正计数/倒计数,0x0000～T1CC0 反复计数并且从 T1CC0 倒计数到 0x0000

当 T1 达到最终计数值 0xFFFF,由硬件自动设置标志 IRCON. T1IF 和 T1STAT. OVFIF。如果用户设置了相应的中断屏蔽位,将产生一个中断请求。自由运行模式可以用于产生独立的时间间隔,并输出信号频率。T1STAT 状态寄存器如表 4.8 所示。

表 4.8　T1STAT——T1 状态寄存器

位	名称	复位	R/W	描述
7：6	—	0	R0	保留
5	OVFIF	0	R/W0	定时器 1 计数器溢出中断标志。当计数器在自由运行模式或模模式下达到最终计数值时设置,当在正计数/倒计数模式下达到零时倒计数。写 1 没有影响

位	名称	复位	R/W	描述
4	CH4IF	0	R/W0	定时器 1 通道 4 中断标志。当通道 4 中断条件发生时设置。写 1 没有影响
3	CH3IF	0	R/W0	定时器 1 通道 3 中断标志。当通道 3 中断条件发生时设置。写 1 没有影响
2	CH2IF	0	R/W0	定时器 1 通道 2 中断标志。当通道 2 中断条件发生时设置。写 1 没有影响
1	CH1IF	0	R/W0	定时器 1 通道 1 中断标志。当通道 1 中断条件发生时设置。写 1 没有影响
0	CH0IF	0	R/W0	定时器 0 通道 0 中断标志。当通道 0 中断条件发生时设置。写 1 没有影响

4.2.4 T1 操作

一般来说,控制寄存器 T1CTL 用于控制定时器操作。状态寄存器 T1STAT 保存中断标志。T1 有三种操作模式,对应不同的定时器应用,各种操作模式如下所述。

1. 自由运行模式

在自由运行操作模式下,计数器从 0x0000 开始,每个活动时钟边沿增加 1。当计数器达到 0xFFFF(溢出),计数器载入 0x0000,继续递增它的值,如图 4.1 所示。当达到最终计数值 0xFFFF,设置标志 IRCON.T1IF 和 T1STAT.OVFIF。如果设置了相应的中断屏蔽位 TIMIF.OVFIM 以及 IEN1.T1IE,将产生一个中断 s 请求。自由运行模式可以用于产生独立时间间隔,输出信号频率。IRCON 中断标志寄存器如表 4.9 所示。

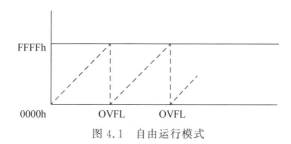

图 4.1 自由运行模式

表 4.9 IRCON 中断标志寄存器

位	名称	复位	R/W	描述
7	STIF	0	R/W	睡眠定时器中断标志 0:无中断未决 1:中断未决
6	—	0	R/W	必须写为 0,写入 1 总是使能中断源

续表

位	名称	复位	R/W	描述
5	P0IF	0	R/W	端口 0 中断标志 0：无中断未决 1：中断未决
4	T4IF	0	R/WH0	定时器 4 中断标志。当定时器 4 中断发生时设为 1,CPU 指向中断向量服务例程时清除 0：无中断未决 1：中断未决
3	T3IF	0	R/WH0	定时器 3 中断标志。当定时器 3 中断发生时设为 1,CPU 指向中断向量服务例程时清除 0：无中断未决 1：中断未决
2	T2IF	0	R/WH0	定时器 2 中断标志。当定时器 2 中断发生时设为 1,CPU 指向中断向量服务例程时清除 0：无中断未决 1：中断未决
1	T1IF	0	R/WH0	定时器 1 中断标志。当定时器 1 中断发生时设为 1,CPU 指向中断向量服务例程时清除 0：无中断未决 1：中断未决
0	DMAIF	0	R/W	DMA 完成中断标志 0：无中断未决 1：中断未决

2. 模模式

当定时器运行在模模式,16 位计数器从 0x0000 开始,每个活动时钟边沿增加 1。当计数器达到寄存器 T1CC0(溢出)时,寄存器 T1CC0H:T1CC0L 保存最终计数值,计数器将复位到 0x0000,并继续递增。如果定时器开始于 T1CC0 以上的一个值,当达到最终计数值(0xFFFF)时,设置标志 IRCON.T1IF 和 T1CTL.OVFIF。如果设置了相应的中断屏蔽位 TIMIF.OVFIM 以及 IEN1.T1IE,将产生一个中断请求。模模式被大量用于周期不是 0xFFFF 的应用程序。模模式计数器的操作如图 4.2 所示。

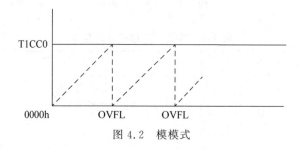

图 4.2　模模式

T1CC0L 和 T1CC0H 寄存器设置如表 4.10 和表 4.11 所示。

表 4.10 T1CC0L 定时器 1 通道 0 捕获/比较值低位

位	名称	复位	R/W	描　述
7：0	T1CC0[7：0]	0x00	R/W	定时器 1 通道 0 捕获/比较值，低位字节。写到该寄存器的数据被存储在一个缓存中，不写入 T1CC0[7：0]，之后与 T1CC0H 一起写入生效

表 4.11 T1CC0H 定时器 1 通道 0 捕获/比较值高位

位	名称	复位	R/W	描　述
7：0	T1CC0[15：8]	0x00	R/W	定时器 1 通道 0 捕获/比较值，高位字节。当 T1CCTL0.MODE=1(比较模式)时，写导致 T1CC0[15：8]更新，写入值延迟到 T1CNT=0x0000

3. 正计数/倒计数模式

在正计数/倒计数模式，计数器反复从 0x0000 开始，正计数直到 T1CC0H：T1CC0L 保存的值，然后计数器将倒计数直到 0x0000，如图 4.3 所示。这个定时器用于周期必须是对称输出脉冲而不是 0xFFFF 的应用程序，因为这种模式允许中心的 PWM 输出应用的实现。在正计数/倒计数模式，当达到最终计数值时，设置标志 IRCON.T1IF 和 T1CTL.OVFIF。如果设置了相应的中断屏蔽位 TIMIF.OVFIM 以及 IEN1.T1EN,将产生一个中断请求。

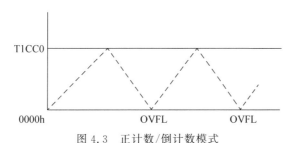

图 4.3　正计数/倒计数模式

4.2.5　16 位计数器

T1 包括一个 16 位计数器，在每个活动时钟边沿递增或递减。活动时钟边沿周期由寄存器位 CLKCON.TICKSPD 定义，它设置全球系统时钟的划分，提供了 0.25～32MHz 的不同时钟标记频率(可以使用 32MHz XOSC 作为时钟源)。

读取 16 位的计数器值：T1CNTH 和 T1CNTL,分别包含在高位字节和低位字节中。当读取 T1CNTL 时,计数器的高位字节在那时被缓冲到 T1CNTH,以便高位字节可以从 T1CNTH 中读出。因此 T1CNTL 必须在读取 T1CNTH 之前首先读取。对 T1CNTL 寄存器的所有写入访问将复位 16 位计数器。

当达到最终计数值(溢出)时,计数器产生一个中断请求。可以用 T1CTL 控制寄存器,设置启动或停止该计数器。当一个不是 00 的值写入到 T1CTL. MODE 时,计数器开始运行;如果 00 写入到 T1CTL. MODE,计数器停止在它现在的值上。

4.2.6 T3 概述

T3 和 T4 的所有定时器功能都是基于 8 位计数器建立的,所以 T3 和 T4 的最大计数值远小于 T1,常用于较短时间间隔的定时。T3 和 T4 各有 0、1 两个通道,功能较 T1 要弱。计数器在每个时钟边沿递增或递减。活动时钟边沿的周期由寄存器位 CLKCONCMD. TICKSPD[2∶0]定义,由 TxCTL. DIV[2∶0](其中 x 指的是定时器号码 3 和 4)设置的分频器值进一步划分。计数器可以作为一个自由运行计数器、倒计数器、模计数器或正/倒计数器运行。

T3 和 T4 是两个 8 位定时器,每个定时器有两个独立的比较通道。每个通道上使用一个 I/O 引脚。T3 和 T4 的特征如下:

(1) 两个捕获/比较通道。

(2) 设置、清除或切换输出比较。

(3) 时钟分频器,可以被 1、2、4、8、16、32、64、128 整除。

(4) 在每次捕获/比较和最终计数时间发生时,产生中断请求。

(5) DMA 触发功能。

可以通过寄存器 TxCNT 读取 8 位计数器的值,其中,x 指的是定时器号码 3 或 4。计数器开始和停止是通过设置 TxCTL 控制寄存器的值实现的。当 TxCTL. START 写入 1 时,计数器开始;当 TxCTL. START 写入 0 时,计数器停留在它的当前值。

1. 自由运行模式

在自由运行模式操作下,计数器从 0x00 开始,每个活动时钟边沿递增。当计数器达到 0xFF,计数器载入 0x00,并继续递增。当达到最终计数值 0xFF(如发生了一个溢出),就设置中断标志 TIMIF. TxOVFIF;如果设置了相应的中断屏蔽位 TxCTL. OVFIM,就产生一个中断请求。自由运行模式可以用于产生独立的时间间隔和输出信号频率。

2. 倒计数模式

在倒计数模式,定时器启动之后,计数器载入 TxCC0 的内容。然后计数器倒计时,直到 0x00。当达到 0x00 时,设置标志 TIMIF. TxOVFIF。如果设置了相应的中断屏蔽位 TxCTL. OVFIM,就产生了一个中断请求。定时器倒计数模式一般用于需要事件超时间间隔的应用程序。

3. 模模式

当定时器运行在模模式,8 位计数器在 0x00 启动,每个活动时钟边沿递增。当计数器达到寄存器 TxCC0 所含的最终计数值时,计数器复位到 0x00,并继续递增。当发生这个事件时,设置标志 TIMIF. TXOVFIF。如果设置了相应的中断屏蔽位 TxCTL. OVFIM,就产生一个中断请求。模模式可以用于周期不是 0xFFF 的应用程序。

4. 正/倒计数模式

在正/倒计数定时器模式下,计数器反复从 0x00 开始正计数,直到 TxCC0 所含的值,然后计数器倒计数,直到 0x00。这个定时器模式用于需要对称输出脉冲,且周期不是 0xFF 的应用程序。因此它允许中心对齐的 PWM 输出应用程序的实现。

通过写入 TxCTL. CLR 清除计数器也会复位计数方向,即从 0x00 模式正计数。为这两个定时器各分配了一个中断向量。当以下定时器事件之一发生时,将产生一个中断:计数器到达最终计数值,比较事件,捕获事件。

寄存器 TIMIF 包含 T3 和 T4 的所有中断标志。寄存器位仅当设置了相同的中断屏蔽位时,才会产生一个中断请求。如果有其他未决的中断,必须通过 CPU,在一个新的中断请求产生之前,清除相应的中断标志。

4.2.7 睡眠定时器简介

睡眠定时器用于设置系统进入和退出低功耗睡眠模式之间的周期,睡眠定时器的主要功能:24 位的定时器计数器,运行在 32kHz 时钟频率;24 位的比较器,具有中断和 DMA 触发器功能;24 位捕获。

睡眠定时器是一个 24 位的定时器,运行在一个 32kHz 的时钟频率(可以是 RC 振荡器或晶体振荡器)上。睡眠定时器在复位之后立即启动,如果没有中断就继续运行。定时器的当前值可以从寄存器 ST2:ST1:ST0 中读取。当定时器的值等于 24 位比较器的值时,就发生一次定时器比较。通过写入寄存器 ST2:ST1:ST0 来设置比较值,当 STLOAD. LDRDY 是 1 写入 ST0 开始加载新的比较值,即写入 ST2、ST1 和 ST0 寄存器的最新的值。加载期间 STLOAD. LDRDY 是 0,软件不能开始一个新的加载,直到 STLOAD. LDRDY 回到 1。读 ST0 将捕获 24 位计数器的当前值。因此,ST0 寄存器必须在 ST1 和 ST2 之前读,以捕获一个正确的睡眠定时器计数值。当发生一个定时器比较时,中断标志 STIF 被设置。每次系统时钟发生变化,当前定时器值就被更新。ST 中断的中断使能是 IEN0. STIE,中断标志是 IRCON. STIF。

当运行在除了 PM3 的供电模式时,睡眠定时器将开始运行。因此,睡眠定时器的值在 PM3 下不保存。在 PM1 和 PM2 下睡眠定时器比较事件用于唤醒设备,返回主动模式的主动操作。复位之后的比较值的默认值是 0xFFFFFF。睡眠定时器比较还可以用作一个 DMA 触发。注意,如果电压降到 2V 以下同时处于 PM2,睡眠间隔将会受到影响。

4.2.8　睡眠定时器寄存器

睡眠定时器使用的寄存器：ST2——睡眠定时器 2；ST1——睡眠定时器 1；ST0——睡眠定时器 0；STLOAD——睡眠定时器加载状态，如表 4.12～表 4.15 所示。

表 4.12　ST2——睡眠定时器 2

位	名称	复位	R/W	描　述
7：0	ST2[7：0]	0x00	R/W	睡眠定时器计数/比较值。当读取时,该寄存器返回睡眠定时器的高位[23：16]。当写该寄存器的值时,设置比较值的高位[23：16]。在读寄存器 ST0 的时候,值的读取是锁定的。当写 ST0 的时候,写该值是锁定的

表 4.13　ST1——睡眠定时器 1

位	名称	复位	R/W	描　述
7：0	ST1[7：0]	0x00	R/W	睡眠定时器计数/比较值。当读取时,该寄存器返回睡眠定时计数的中间位[15：8]。当写该寄存器的时候,设置比较值的中间位[15：8]。在读寄存器 ST0 的时候,读取该值是锁定的。当写 ST0 的时候,写该值是锁定的

表 4.14　ST0——睡眠定时器 0

位	名称	复位	R/W	描　述
7：0	ST0[7：0]	0x00	R/W	睡眠定时器计数/比较值。当读取时,该寄存器返回睡眠定时计数的低位[7：0]。当写该寄存器的时候,设置比较值的低位[7：0]。写该寄存器被忽略,除非 STLOD.LDRDY 是 1

表 4.15　STLOAD——睡眠定时器加载状态寄存器

位	名称	复位	R/W	描　述
7：0	—	0000000	R0	保留
0	LDRDY	1	R	加载准备好。当睡眠定时器加载 24 位比较值,该位是 0。当睡眠定时器准备好开始加载一个新的比较值,该位是 1

4.3　项目实施

4.3.1　任务 1：T1 控制

1. 项目环境

(1) 硬件：ZigBee(CC2530)模块、ZigBee 下载调试板、USB 仿真器和 PC。

(2) 软件：IAR Embedded Workbench for MCS-51。

2. 项目原理

(1) 硬件接口原理

ZigBee(CC2530)模块 LED 硬件接口如图 4.4 所示。

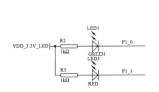
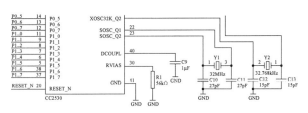

图 4.4　LED 硬件接口

ZigBee(CC2530)模块硬件上设计有 2 个 LED 灯，编程调试使用，分别连接 CC2530 的 P1_0、P1_1 两个 I/O 引脚。从原理图上可以看出，2 个 LED 灯共阳极，当 P1_0、P1_1 引脚为低电平时，LED 灯点亮。

(2) CC2530 I/O 相关寄存器

P1 寄存器的详细信息如表 4.16 所示。P1DIR 寄存器的详细信息如表 4.17 所示。

表 4.16　P1 寄存器

位	名称	复位	R/W	描　述
7：0	P1[7：0]	0xFF	R/W	端口 1 是通用 I/O 端口。位寻址从 SFR 开始。CPU 内部寄存器是可读的，但是不可写，从 XDATA(0x7090)开始

表 4.17　寄存器 P1DIR

位	名称	复位	R/W	描　述
7：0	DIRP1_[7：0]	0x00	R/W	P1_7～P1_0 的 I/O 方向 0：输入 1：输出

　　表 4.16 和表 4.17 中列出了关于 CC2530 处理器的 P1 I/O 相关寄存器,其中只用到了 P1 和 P1DIR 两个寄存器的设置,P1 寄存器为可读写的数据寄存器,P1DIR 为 I/O 选择寄存器,其他 I/O 寄存器的功能使用默认配置。

　　T1 定时器的控制寄存器如表 4.18 所示。

表 4.18　T1CTL——T1 的控制寄存器

位	名称	复位	R/W	描　　述
7：4	—	000 0	R0	保留
3：2	DIV[1：0]	00	R/W	分频器划分值。产生主动的时钟边缘用于更新计数器 00：标记频率/1 01：标记频率/8 10：标记频率/32 11：标记频率/128
1：0	MODE[1：0]	00	R/W	选择定时器 1 模式。定时器操作模式通过下列方式选择 00：暂停运行 01：自由运行,从 0x0000 到 0xFFFF 反复计数 10：模,从 0x0000 到 T1CC0 反复计数 11：正计数/倒计数,从 0x0000 到 T1CC0 反复计数并且从 T1CC0 倒计数到 0x0000

　　IRCON 寄存器的信息如表 4.19 所示。

表 4.19　IRCON 中断标志寄存器

位	名称	复位	R/W	描　　述
7	STIF	0	R/W	睡眠定时器中断标志 0：无中断未决 1：中断未决
6	—	0	R/W	必须写为 0,写入 1 总是使能中断源
5	P0IF	0	R/W	端口 0 中断标志 0：无中断未决 1：中断未决
4	T4IF	0	R/WH0	定时器 4 中断标志。当定时器 4 中断发生时设为 1,CPU 指向中断向量服务例程时清除 0：无中断未决 1：中断未决
3	T3IF	0	R/WH0	定时器 3 中断标志。当定时器 3 中断发生时设为 1,CPU 指向中断向量服务例程时清除 0：无中断未决 1：中断未决

续表

位	名称	复位	R/W	描　述
2	T2IF	0	R/WH0	定时器 2 中断标志。当定时器 2 中断发生时设为 1,CPU 指向中断向量服务例程时清除 0：无中断未决 1：中断未决
1	T1IF	0	R/WH0	定时器 1 中断标志。当定时器 1 中断发生时设为 1,CPU 指向中断向量服务例程时清除 0：无中断未决 1：中断未决
0	DMAIF	0	R/W	DMA 完成中断标志 0：无中断未决 1：中断未决

以上表中列举了和 CC2530 处理器 T1 定时器相关的寄存器,其中 T1CTL 为 T1 控制状态寄存器,通过该寄存器来设置定时器的模式和预分频系数。IRCON 寄存器为中断标志位寄存器,通过该寄存器可以判断相应控制器 T1 的中断状态。

3. 软件设计

```
# include < ioCC2530.h>
# define uint unsigned int
# define uchar unsigned char
# define LED1 P1_0
# define LED2 P1_1
uint counter = 0;              //统计溢出次数
uint TempFlag;                 //用来标志是否要闪烁
void Initial(void);
void Delay(uint);
/ *****************************
//延时程序
**************************** /
void Delay(uint n)
{
    uint i,t;
    for(i = 0;i<5;i++)
        for(t = 0;t<n;t++);
}
/ *****************************
//初始化程序
*************************** /
void Initial(void)
{
    //初始化 P1
    P1DIR = 0x03;           //P1_0 P1_1 为输出
    LED1 = 1;
    LED2 = 1;               //熄灭 LED
    //初始化 T1 定时器
```

```
    T1CTL = 0x0d;              //中断无效,128 分频; 自动重装模式(0x0000 -> 0xffff);
}
/ ***************************
//主函数
*************************** /
void main()
{
    Initial();                 //调用初始化函数
    LED1 = 0;                  //点亮 LED1
    while(1)                   //查询溢出
    {
        if(IRCON > 0)
        {
            IRCON = 0;         //清溢出标志
            TempFlag = !TempFlag;
        }
        if(TempFlag)
        {
            LED2 = LED1;
            LED1 = !LED1;
            Delay(6000);
        }
    }
}
```

程序通过配置 CC2530 处理器的 T1 定时器进行自动装载计数,通过查询 IRCON 中断标志来检查 T1 定时器计数溢出中断状态,从而控制 LED 灯的闪烁状态。

4. 实施步骤

（1）使用 ZigBee Debuger USB 仿真器连接 PC 和 ZigBee（CC2530）模块,打开 ZigBee 模块开关供电。

（2）启动 IAR 开发环境,新建工程。

（3）在 IAR 开发环境中编译、运行、调试程序。

4.3.2 任务2：T2 控制

1. 项目环境

（1）硬件：ZigBee(CC2530)模块、ZigBee 下载调试板、USB 仿真器和 PC。

（2）软件：IAR Embedded Workbench for MCS-51。

2. 项目原理

1）硬件接口原理

ZigBee(CC2530)模块 LED 硬件接口如图 4.5 所示。

ZigBee(CC2530)模块硬件上设计有两个 LED 灯,用来编程调试使用。分别连接 CC2530 的 P1_0、P1_1 两个 I/O 引脚。从原理图上可以看出,两个 LED 灯共阳极,当 P1_0、P1_1 引脚为低电平时,LED 灯点亮。

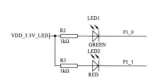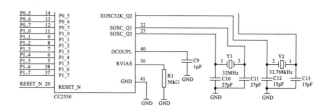

图 4.5 LED 硬件接口

2) CC2530 相关寄存器

P1 寄存器的详细信息如表 4.20 所示,P1DIR 寄存器的详细信息如表 4.21 所示。

表 4.20 P1 寄存器

位	名称	复位	R/W	描 述
7:0	P1_[7:0]	0xFF	R/W	端口 1 是通用 I/O 端口。位寻址从 SFR 开始。CPU 内部寄存器是可读的,但是不可写,从 XDATA(0x7090)开始

表 4.21 寄存器 P1DIR

位	名称	复位	R/W	描 述
7:0	DIRP1_[7:0]	0x00	R/W	P1_7~P1_0 的 I/O 方向 0:输入 1:输出

表 4.20 和表 4.21 中列出了关于 CC2530 处理器的 P1 I/O 相关寄存器,其中只用到了 P1 和 P1DIR 两个寄存器的设置,P1 寄存器为可读写的数据寄存器,P1DIR 为 I/O 选择寄存器,其他 I/O 寄存器的功能使用默认配置。

T2MSEL 寄存器的详细信息如表 4.22 所示。T2M0 寄存器的详细信息如表 4.23 所示。

表 4.22 T2MSEL 寄存器

位	名称	复位	R/W	描 述
7	—	0	RO	保留,默认是 0
6:4	T2MOVFSEL	0	R/W	当访问 T2MOVF0,T2MOVF1 和 T2MOVF2 时,内部寄存器的值被修改或者读取 000:t2ovf(溢出计数器) 001:t2ovf_cap(溢出捕获) 010:t2ovf_per(溢出段) 011:t2ovf_cmp1(溢出比较 1) 100:t2ovf_cmp2(溢出比较 2) 101~111:保留

位	名称	复位	R/W	描　述
3	—	0	RO	保留，默认是 0
2：0	T2MSEL	0	R/W	当访问 T2M0 和 T2M1 时，内部寄存器的值被修改或者读取 000：t2tim(计时器计数值) 001：t2_cap(计时器捕获) 010：t2_per(计时器段) 011：t2_cmp1(计时器比较 1) 100：t2_cmp2(计时器比较 2) 101～111：保留

表 4.23　T2M0(T2 多路复用寄存器)

位	名称	复位	R/W	描　述
7：0	T2M0	0	R/W	T2MSEL. T2MSEL ＝ 000 和 T2CTRL.LATCH_MODE＝0 时，计数值被锁存 T2MSEL. T2MSEL ＝ 000 和 T2CTRL.LATCH_MODE＝0 时，计数值和溢出值被锁存

T2MOVF2 寄存器的相关信息如表 4.24 所示。

表 4.24　T2MOVF2(T2 多路复用溢出计数器 2 寄存器)

位	名称	复位	R/W	描　述
7：0	CMPIM	0	R/W	T2MSEL. T2MOVFSEL ＝ 000，T2CTRL.LATCH_MODE＝0 时，计数值被锁存

T2IRQF 寄存器的相关信息如表 4.25 所示。T2IRQM 寄存器的相关信息如表 4.26 所示。

表 4.25　T2IRQF(中断标志)

位	名称	复位	R/W	描　述
7：6	—	0	R	保留
5	TIMER2_OVF_COMPARE2F	0	R/W	当溢出计数器计数达到 t2ovf_cmp2 的值时，置位
4	TIMER2_OVF_COMPARE1F	0	R/W	当溢出计数器计数达到 t2ovf_cmp1 的值时，置位
3	TIMER2_OVF_PERF	0	R/W	当溢出计数器计数达到 t2ovf_per 的值时，置位

位	名称	复位	R/W	描　　述
2	TIMER2_COMPARE2F	0	R/W	当计数器计数达到 t2_cmp2 的值时,置位
1	TIMER2_COMPARE1F	0	R/W	当计数器计数达到 t2_cmp1 的值时,置位
0	TIMER2_PERF	0	R/W	当计数器计数达到 t2_per 的值时,置位

表 4.26　T2IRQF(中断屏蔽)

位	名称	复位	R/W	描　　述
7：6	—	0	R	保留
5	TIMER2_OVF_COMPARE2M	0	R/W	TIMER2_OVF_COMPARE2M 中断使能
4	TIMER2_OVF_COMPARE1M	0	R/W	TIMER2_OVF_COMPARE1M 中断使能
3	TIMER2_OVF_PERF	0	R/W	TIMER2_OVF_PERF 中断使能
2	TIMER2_COMPARE2M	0	R/W	TIMER2_COMPARE2M 中断使能
1	TIMER2_COMPARE1M	0	R/W	TIMER2_COMPARE1M 中断使能
0	TIMER2_PERM	0	R/W	TIMER2_PERM 中断使能

T2CTRL 寄存器的相关信息如表 4.27 所示。T2EVTCFG 寄存器的相关信息如表 4.28 所示。

表 4.27　T2CTRL(T2 配置寄存器)

位	名称	复位	R/W	描　　述
7：4	—	0	R	保留,读 0
3	LATCH_MODE	0	R/W	0：当 T2MSEL.T2MSEL = 000 读 T2M0,T2M1,T2MSEL.T2MOFSEL＝000 读 T2MOVF0,T2MOVF1,T2MOVF2 1：当 T2MSEL.T2MSEL = 000 读 T2M0,T2M1,T2MOVF0,T2MOVF1,aT2MOVF2
2	STATE	0	R	0 计数器空闲模式,1 计数器正常运行
1	SYNC	1	R/W	同步使能 0：T2 立即起、停 1：T2 起、停和 32.768kHz 时钟及计数新值同步
0	RUN	0	R/W	启动 T2,通过读出该位可以知道 T2 的状态 0：停止 T2(IDLE) 1：启动 T2(RUN)

表 4.28　T2EVTCFG 寄存器

位	名称	复位	R/W	描述
7	—	0	RO	保留,读 0
6:4	TIMER2_EVENT2_CFG	0	R/W	触发 T2_EVENT2 事件 000：t2_per_event 001：t2_cmp1_event 010：t2_cmp2_event 011：t2ovf_per_event 100：t2ovf_cmp1_event 101：t2ovf_cmp2_event 110：保留 111：无事件
3	—	0	RO	保留,读 0
2:0	TIMER2_EVENT1_CFG	0	R/W	触发 T2_EVENT1 事件 000：t2_per_event 001：t2_cmp1_event 010：t2_cmp2_event 011：t2ovf_per_event 100：t2ovf_cmp1_event 101：t2ovf_cmp2_event 110：保留 111：无事件

IEN0 寄存器的相关信息如表 4.29 所示。IEN1 寄存器的相关信息如表 4.30 所示。

表 4.29　IEN0——中断使能寄存器 0

位	名称	复位	R/W	描述
7	EA	0	R/W	禁用所有中断 0：无中断被禁用 1：通过设置对应的使能位将每个中断源分别使能和禁止
6	—	0	RO	不使用,读出来是 0
5	STIE	0	R/W	睡眠定时器中断使能 0：中断使能 1：中断禁止
4	ENCIE	0	R/W	AES 加密/解密中断使能 0：中断使能 1：中断禁止
3	URX1IE	0	R/W	USART 1 RX 中断使能 0：中断使能 1：中断禁止

位	名称	复位	R/W	描　述
2	URX0IE	0	R/W	USART 0 RX 中断使能 0：中断使能 1：中断禁止
1	ADCIE	0	R/W	ADC 中断使能 0：中断使能 1：中断禁止
0	RFERRIE	0	R/W	RF TX/RX FIFO 中断使能 0：中断使能 1：中断禁止

表 4.30 IEN1——中断使能寄存器 1

位	名称	复位	R/W	描　述
7：6	—	00	RO	没有使用，读出来是 0
5	P0IE	0	R/W	端口 0 中断使能 0：中断禁止 1：中断使能
4	T4IE	0	R/W	定时器 4 中断使能 0：中断禁止 1：中断使能
3	T3IE	0	R/W	定时器 3 中断使能 0：中断禁止 1：中断使能
2	T2IE	0	R/W	定时器 2 中断使能 0：中断禁止 1：中断使能
1	T1IE	0	R/W	定时器 1 中断使能 0：中断禁止 1：中断使能
0	DMAIE	0	R/W	DMA 传输中断使能 0：中断禁止 1：中断使能

表 4.22～表 4.30 中列举了和 CC2530 处理器 Timer2 定时器相关的寄存器，其中包括：T2CTRL，T2 控制寄存器，用来控制定时器的开关；T2MSEL 控制寄存器，用来对 T2 功能的选择；T2M0 和 T2M1 用来存放 16 位计数值；T2MOVF0、T2MOVF1、T2MOVf2 用来存放计数值溢出的次数；T2IRQF，T2 中断标志寄存器；T2IRQM，中断使能屏蔽寄存器；IEN0 和 IEN1 两个寄存器，分别控制系统中断总开关和 T2 定时器中断源开关。

3. 软件设计

```c
# include < emot.h>
uint counter = 0;                    //统计溢出次数
uchar TempFlag;                      //用来标志是否要闪烁
/ ***************************
//延时程序
*************************** /
void Delay(uint n)
{
    uint i,t;
        for(i = 0;i < 5;i++)
    for(t = 0;t < n;t++);
}
/ ***************************
//初始化程序
*************************** /
void Initial(void)
{
    LED_ENALBLE();
    //设置 T2 定时器相关寄存器
    SET_TIMER2_CAP_INT();            //开溢出中断
    SET_TIMER2_CAP_COUNTER(0x55);    //设置溢出值
}
/ ***************************
//主函数
*************************** /
void main()
{
    Initial();                       //调用初始化函数

    LED1 = 0;                        //LED1 常亮
    LED2 = 1;
    TIMER2_RUN();
    while(1)                         //等待中断
    {
        if(TempFlag)
        {
            LED2 = !LED2;
            TempFlag = 0;
        }
    }
}
/ ***************************
//中断处理函数
*************************** /
# pragma vector = T2_VECTOR          //重定位中断向量表
__interrupt void T2_ISR(void)        //定义中断处理函数
```

```
{
    TIMER2_STOP();
    SET_TIMER2_CAP_COUNTER(0X55);  //设置溢出值
    CLEAR_TIMER2_INT_FLAG();        //清 T2 中断标志
    if(counter<100)counter++;       //100 次中断 LED 闪烁一轮
    else
    {
        counter = 0;                //计数清零
        TempFlag = 1;               //改变闪烁标志
    }
}
```

程序通过配置 CC2530 处理器的 T2 定时器进行计数中断设置,从而控制 LED2 的闪烁状态。

4. 实施步骤

(1) 使用 ZigBee Debuger USB 仿真器连接 PC 和 ZigBee(CC2530)模块,打开 ZIEBEE 模块开关供电。

(2) 启动 IAR 开发环境,新建工程。

(3) 在 IAR 开发环境中编译、运行、调试程序。

4.3.3 任务 3:T3 控制

1. 项目环境

(1) 硬件:ZigBee(CC2530)模块、ZigBee 下载调试板、USB 仿真器和 PC。

(2) 软件:IAR Embedded Workbench for MCS-51。

2. 项目原理

1) 硬件接口原理

ZigBee(CC2530)模块 LED 硬件接口如图 4.6 所示。

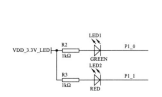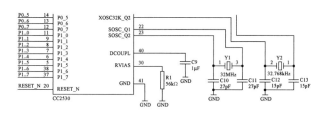

图 4.6 LED 硬件接口

ZigBee(CC2530)模块硬件上设计有两个 LED 灯,用来编程调试使用。分别连接 CC2530 的 P1_0、P1_1 两个 I/O 引脚。从原理图上可以看出,两个 LED 灯共阳极,当 P1_0、P1_1 引脚为低电平时,LED 灯点亮。

2) CC2530 相关寄存器

P1 寄存器的相关信息如表 4.31 所示。P1DIR 寄存器的相关信息如表 4.32 所示。

表 4.31 P1 寄存器

位	名称	复位	R/W	描　述
7：0	P1_[7：0]	0xFF	R/W	端口 1 是通用 I/O 端口。位寻址从 SFR 开始。CPU 内部寄存器是可读的,但是不可写,从 XDATA(0x7090)开始

表 4.32 寄存器 P1DIR

位	名称	复位	R/W	描　述
7：0	DIRP1_[7：0]	0x00	R/W	P1_7～P1_0 的 I/O 方向 0：输入 1：输出

表 4.31 和表 4.32 中列出了关于 CC2530 处理器的 P1 I/O 相关寄存器,其中只用到了 P1 和 P1DIR 两个寄存器的设置,P1 寄存器为可读写的数据寄存器,P1DIR 为 I/O 选择寄存器,其他 I/O 寄存器的功能使用默认配置。

T3CTL 寄存器的相关信息如表 4.33 所示。

表 4.33 T3CTL(T3 控制寄存器)

位	名称	复位	R/W	描　述
7：5	DIV[2：0]	000	R/W	定时器时钟再分频数(对 CLKCONCMD.TICKSPD 分频后再次分频) 000：不再分频 001：2 分频 010：4 分频 011：8 分频 100：16 分频 101：32 分频 110：64 分频 111：128 分频
4	START	0	R/W	T3 起停位 0：暂停技术 1：正常运行
3	OVFIM	1	R/W	溢出中断掩码 0：关溢出中断 1：开溢出中断
2	CLR	0	R/W	清计数值,写 1 使 T3CNT＝0x00
1：0	MODE[1：0]	00	R/W	T3 模式选择 00：自动重装 01：DOWN(从 T3CC0 到 0x00 计数一次) 10：模计数(反复从 0x00 到 T3CC0 计数) 11：UP/DOWN(反复从 0x00 到 T3CC0 再到 0x00)

T3CCTL0 和 T3CC0 寄存器的相关信息如表 4.34 和表 4.35 所示。

表 4.34　T3CCTL0(T3 通道 0 捕获/比较控制寄存器)

位	名称	复位	R/W	描　述
7	—	0	R	预留
6	IM	1	R/W	通道 0 中断掩码 0：关中断 1：开中断
5：3	CMP[7：0]	000	R/W	通道 0 比较输出模式选择,指定计数值过 T3CC0 时的发生事件 000：输出置 1(发生比较时) 001：输出清 0(发生比较时) 010：输出翻转 011：输出置 1(发生上比较时)输出清 0(计数值为 0 或 UP/DOWN 模式下发生下比较) 100：输出清 0(发生上比较时)输出置 1(计数值为 0 或 UP/DOWN 模式下发生下比较) 101：输出置 1(发生比较时)输出清 0(计数值为 0xff 时) 110：输出清 0(发生比较时)输出置 1(计数值为 0x00 时) 111：预留
2	MODE_	0	R/W	T3 通道 0 模式选择 0：捕获 1：比较
1：0	CAP	00	R/W	T3 通道 0 捕获模式选择 00：没有捕获 01：上升沿捕获 10：下降沿捕获 11：边沿捕获

表 4.35　T3CC0(T3 通道 0 捕获/比较值寄存器)

位	名称	复位	R/W	描　述
7：0	VAL[7：0]	0x00	R/W	T3 通道 0 比较/捕获值

T3CC1 和 T3CCTL1 寄存器的相关信息如表 4.36 和表 4.37 所示。

表 4.36　T3CC1(T3 通道 1 捕获/比较值寄存器)

位	名称	复位	R/W	描　述
7：0	VAL[7：0]	0x00	R/W	T3 通道 1 比较/捕获值

表 4.37 T3CCTL1（T3 通道 1 捕获/比较控制寄存器）

位	名称	复位	R/W	描 述
7	—	0	R	预留
6	IM	1	R/W	通道 1 中断掩码 0：关中断 1：开中断
5：3	CMP[7：0]	000	R/W	通道 1 比较输出模式选择，指定计数值过 T3CC1 时的发生事件 000：输出置 1（发生比较时） 001：输出清 0（发生比较时） 010：输出翻转 011：输出置 1（发生上比较时）输出清 0（计数值为 0 或 UP/DOWN 模式下发生下比较） 100：输出清 0（发生上比较时）输出置 1（计数值为 0 或 UP/DOWN 模式下发生下比较） 101：输出置 1（发生比较时）输出清 0（计数值为 0xff 时） 110：输出清 0（发生比较时）输出置 1（计数值为 0x00 时） 111：预留
2	MODE_	0	R/W	T3 通道 1 模式选择 0：捕获 1：比较
1：0	CAP	00	R/W	T3 通道 1 捕获模式选择 00：没有捕获 01：上升沿捕获 10：下降沿捕获 11：边沿捕获

IEN0 寄存器的相关信息如表 4.38 所示。IEN1 寄存器的相关信息如表 4.39 所示。

表 4.38 IEN0——中断使能寄存器 0

位	名称	复位	R/W	描 述
7	EA	0	R/W	禁用所有中断 0：无中断被禁用 1：通过设置对应的使能位将每个中断源分别使能和禁止
6	—	0	RO	不使用，读出来是 0
5	STIE	0	R/W	睡眠定时器中断使能 0：中断使能 1：中断禁止

续表

位	名称	复位	R/W	描　　述
4	ENCIE	0	R/W	AES 加密/解密中断使能 0：中断使能 1：中断禁止
3	URX1IE	0	R/W	USART 1 RX 中断使能 0：中断使能 1：中断禁止
2	URX0IE	0	R/W	USART 0 RX 中断使能 0：中断使能 1：中断禁止
1	ADCIE	0	R/W	ADC 中断使能 0：中断使能 1：中断禁止
0	RFERRIE	0	R/W	RF TX/RX FIFO 中断使能 0：中断使能 1：中断禁止

表 4.39　IEN1——中断使能寄存器 1

位	名称	复位	R/W	描　　述
7：6	—	00	RO	没有使用，读出来是 0
5	P0IE	0	R/W	端口 0 中断使能 0：中断禁止 1：中断使能
4	T4IE	0	R/W	定时器 4 中断使能 0：中断禁止 1：中断使能
3	T3IE	0	R/W	定时器 3 中断使能 0：中断禁止 1：中断使能
2	T2IE	0	R/W	定时器 2 中断使能 0：中断禁止 1：中断使能
1	T1IE	0	R/W	定时器 1 中断使能 0：中断禁止 1：中断使能
0	DMAIE	0	R/W	DMA 传输中断使能 0：中断禁止 1：中断使能

表 4.33～表 4.39 中列举了和 CC2530 处理器 T3 定时器相关的寄存器，其中包括 T3CTL 控制寄存器，用来控制定时器的开关和模式；T3CCTL0 和 T3CC0 为 T3

通道 0 比较/捕获控制寄存器和值寄存器；T3CCTL1 和 T3CC1 为 T3 通道 1 比较/捕获控制寄存器和值寄存器；IEN0 与 IEN1 两个寄存器分别控制系统中断总开关和 T3 定时器中断源开关。

3. 软件设计

```c
#include <ioCC2530.h>
#define YLED P1_0
#define RLED P1_1
#define uchar unsigned char
/********************************************
//定义全局变量
******************************************** /
uchar counter = 0;
/********************************************
//T3 配置定义
******************************************** /
// Where _timer_ must be either 3 or 4
// Macro for initialising timer 3 or 4
//将 T3/4 配置寄存复位
#define TIMER34_INIT(timer)                             \
    do {                                                \
       T##timer##CTL = 0x06;                            \
       T##timer##CCTL0 = 0x00;                          \
       T##timer##CC0 = 0x00;                            \
       T##timer##CCTL1 = 0x00;                          \
       T##timer##CC1 = 0x00;                            \
} while (0)
//Macro for enabling overflow interrupt
//设置 T3/4 溢出中断
#define TIMER34_ENABLE_OVERFLOW_INT(timer,val)          \
do{T##timer##CTL = (val) ? T##timer##CTL | 0x08 : T##timer##CTL & ~0x08;\
    EA = 1;                                             \
    T3IE = 1;                                           \
    }while(0)
//启动 T3
#define TIMER3_START(val)                               \
    (T3CTL = (val) ? T3CTL | 0X10 : T3CTL&~0X10)
//时钟分步选择
#define TIMER3_SET_CLOCK_DIVIDE(val)                    \
  do{                                                   \
    T3CTL &= ~0XE0;                                     \
     (val == 2) ? (T3CTL| = 0X20):                      \
     (val == 4) ? (T3CTL| = 0x40):                      \
     (val == 8) ? (T3CTL| = 0X60):                      \
     (val == 16)? (T3CTL| = 0x80):                      \
```

```
            (val == 32)? (T3CTL| = 0xa0):                      \
            (val == 64) ? (T3CTL| = 0xc0):                     \
            (val == 128) ? (T3CTL| = 0XE0):                    \
            (T3CTL| = 0X00);              /* 1 */              \
    }while(0)
//Macro for setting the mode of timer3
//设置 T3 的工作方式
#define TIMER3_SET_MODE(val)                                   \
    do{                                                        \
        T3CTL & = ~0X03;                                       \
        (val == 1)?(T3CTL| = 0X01):      /* DOWN */            \
        (val == 2)?(T3CTL| = 0X02):      /* Modulo */          \
        (val == 3)?(T3CTL| = 0X03):      /* UP / DOWN */       \
        (T3CTL| = 0X00);                 /* free runing */     \
    }while(0)
#define T3_MODE_FREE 0X00
#define T3_MODE_DOWN 0X01
#define T3_MODE_MODULO 0X02
#define T3_MODE_UP_DOWN 0X03
/*****************************************
//T3 及 LED 初始化
***************************************** /
void Init_T3_AND_LED(void)
{
    P1DIR = 0X03;
    RLED = 1;
    YLED = 1;

    TIMER34_INIT(3);                      //初始化 T3
    TIMER34_ENABLE_OVERFLOW_INT(3,1);     //开 T3 中断
//时钟 32 分频 101
    TIMER3_SET_CLOCK_DIVIDE(16);
    TIMER3_SET_MODE(T3_MODE_FREE);        //自动重装 00 - > 0xff
    TIMER3_START(1);                      //启动
};
/*****************************************
//主函数
***************************************** /
void main(void)
{
    Init_T3_AND_LED();
    YLED = 0;
    while(1);                             //等待中断
}
#pragma vector = T3_VECTOR
__interrupt void T3_ISR(void)
```

```
{
//IRCON = 0x00;                      //清中断标志,硬件自动完成
       if(counter<200)counter++;    //200 次中断 LED 闪烁一轮
       else
       {
         counter = 0;                //计数清零
         RLED = !RLED;               //改变小灯的状态
       }
}
```

程序通过配置 CC2530 处理器的 T3 定时器进行计数中断设置,从而控制 LED 灯的闪烁状态。

4. 实施步骤

(1) 使用 ZigBee Debuger USB 仿真器连接 PC 和 ZigBee(CC2530)模块,打开 ZigBee 模块开关供电。

(2) 启动 IAR 开发环境,新建工程。

(3) 在 IAR 开发环境中编译、运行、调试程序。

4.3.4　任务 4：T4 控制

1. 项目环境

(1) 硬件：ZigBee(CC2530)模块、ZigBee 下载调试板、USB 仿真器和 PC。

(2) 软件：IAR Embedded Workbench for MCS-51。

2. 项目原理

1) 硬件接口原理

ZigBee(CC2530)模块 LED 硬件接口如图 4.7 所示。

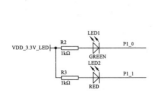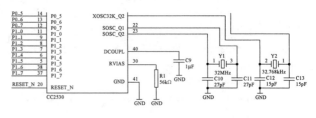

图 4.7　LED 硬件接口

ZigBee(CC2530)模块硬件上设计有两个 LED 灯,用来编程调试使用,分别连接 CC2530 的 P1_0、P1_1 两个 I/O 引脚。从原理图上可以看出,两个 LED 灯共阳极,当 P1_0、P1_1 引脚为低电平时,LED 灯点亮。

2) CC2530 相关寄存器

P1 寄存器的相关信息如表 4.40 所示。P1DIR 寄存器的相关信息如表 4.41 所示。

表 4.40　P1 寄存器

位	名称	复位	R/W	描　述
7：0	P1_[7：0]	0XFF	R/W	端口 1 是通用 I/O 端口。位寻址从 SFR 开始。CPU 内部寄存器是可读的,但是不可写,从 XDATA(0x7090)开始

表 4.41　寄存器 P1DIR

位	名称	复位	R/W	描　述
7：0	DIRP1_[7：0]	0X00	R/W	P1_7～P1_0 的 I/O 方向 0：输入 1：输出

表 4.40 和表 4.41 中列出了关于 CC2530 处理器的 P1 I/O 相关寄存器,其中只用到了 P1 和 P1DIR 两个寄存器的设置,P1 寄存器为可读写的数据寄存器,P1DIR 为 I/O 选择寄存器,其他 I/O 寄存器的功能,使用默认配置。

T4CTL 寄存器的相关信息如表 4.42 所示。T4CCTL0 和 T4CC0 寄存器的相关信息如表 4.43 和表 4.44 所示。T4CC1 和 T4CCTL1 寄存器的相关信息如表 4.45 和表 4.46 所示。IEN0 寄存器的相关信息如表 4.47 所示。IEN1 寄存器的相关信息如表 4.48 所示。

表 4.42　T4CTL(T4 控制寄存器)

位	名称	复位	R/W	描　述
7：5	DIV[2：0]	000	R/W	定时器时钟再分频数(对 CLKCONCMD.TICKSPD 分频后再次分频) 000：不再分频 001：2 分频 010：4 分频 011：8 分频 100：16 分频 101：32 分频 110：64 分频 111：128 分频
4	START	0	R/W	T4 起停位 0：暂停技术 1：正常运行
3	OVFIM	1	R/W	溢出中断掩码 0：关溢出中断 1：开溢出中断
2	CLR	0	R/W	清计数值,写 1 使 T4CNT＝0x00

续表

位	名称	复位	R/W	描述
1：0	MODE[1：0]	00	R/W	T4 模式选择 00：自动重装 01：DOWN(从 T4CC0 到 0x00 计数一次) 10：模计数(反复从 0x00 到 T4CC0 计数) 11：UP/DOWN(反复从 0x00 到 T4CC0 再到 0x00)

表 4.43　T4CCTL0(T4 通道 0 捕获/比较控制寄存器)

位	名称	复位	R/W	描述
7	—	0	R	预留
6	IM	1	R/W	通道 0 中断掩码 0：关中断 1：开中断
5：3	CMP[7：0]	000	R/W	通道 0 比较输出模式选择,指定计数值过 T4CC0 时的发生事件 000：输出置 1(发生比较时) 001：输出清 0(发生比较时) 010：输出翻转 011：输出置 1(发生上比较时)输出清 0(计数值为 0 或 UP/DOWN 模式下发生下比较) 100：输出清 0(发生上比较时)输出置 1(计数值为 0 或 UP/DOWN 模式下发生下比较) 101：输出置 1(发生比较时)输出清 0(计数值为 0xff 时) 110：输出清 0(发生比较时)输出置 1(计数值为 0x00 时) 111 预留
2	MODE_	0	R/W	T4 通道 0 模式选择 0：捕获 1：比较
1：0	CAP	00	R/W	T4 通道 0 捕获模式选择 00：没有捕获 01：上升沿捕获 10：下降沿捕获 11：边沿捕获

表 4.44　T4CC0(T4 通道 0 捕获/比较值寄存器)

位	名称	复位	R/W	描述
7：0	VAL[7：0]	0X00	R/W	T4 通道 0 比较/捕获值

表 4.45　T4CC1（T4 通道 1 捕获/比较值寄存器）

位	名称	复位	R/W	描　述
7：0	VAL[7：0]	0X00	R/W	T4 通道 1 比较/捕获值

表 4.46　T4CCTL1（T4 通道 1 捕获/比较控制寄存器）

位	名称	复位	R/W	描　述
7	—	0	R	预留
6	IM	1	R/W	通道 1 中断掩码 0：关中断 1：开中断
5：3	CMP[7：0]	000	R/W	通道 1 比较输出模式选择,指定计数值过 T4CC1 时的发生事件 000：输出置 1(发生比较时) 001：输出清 0(发生比较时) 010：输出翻转 011：输出置 1(发生上比较时)输出清 0(计数值为 0 或 UP/DOWN 模式下发生下比较) 100：输出清 0(发生上比较时)输出置 1(计数值为 0 或 UP/DOWN 模式下发生下比较) 101：输出置 1(发生比较时)输出清 0(计数值为 0xff 时) 110：输出清 0(发生比较时)输出置 1(计数值为 0x00 时) 111：预留
2	MODE_	0	R/W	T4 通道 1 模式选择 0：捕获 1：比较
1：0	CAP	00	R/W	T4 通道 1 捕获模式选择 00：没有捕获 01：上升沿捕获 10：下降沿捕获 11：边沿捕获

表 4.47　IEN0——中断使能寄存器 0

位	名称	复位	R/W	描　述
7	EA	0	R/W	禁用所有中断 0：无中断被禁用 1：通过设置对应的使能位将每个中断源分别使能和禁止
6	—	0	RO	不使用,读出来是 0

续表

位	名称	复位	R/W	描　　述
5	STIE	0	R/W	睡眠定时器中断使能 0：中断使能 1：中断禁止
4	ENCIE	0	R/W	AES 加密/解密中断使能 0：中断使能 1：中断禁止
3	URX1IE	0	R/W	USART 1 RX 中断使能 0：中断使能 1：中断禁止
2	URX0IE	0	R/W	USART 0 RX 中断使能 0：中断使能 1：中断禁止
1	ADCIE	0	R/W	ADC 中断使能 0：中断使能 1：中断禁止
0	RFERRIE	0	R/W	RF TX/RX FIFO 中断使能 0：中断使能 1：中断禁止

表 4.48　IEN1——中断使能寄存器 1

位	名称	复位	R/W	描　　述
7：6	—	00	RO	没有使用,读出来是 0
5	P0IE	0	R/W	端口 0 中断使能 0：中断禁止 1：中断使能
4	T4IE	0	R/W	定时器 4 中断使能 0：中断禁止 1：中断使能
3	T3IE	0	R/W	定时器 3 中断使能 0：中断禁止 1：中断使能
2	T2IE	0	R/W	定时器 2 中断使能 0：中断禁止 1：中断使能
1	T1IE	0	R/W	定时器 1 中断使能 0：中断禁止 1：中断使能
0	DMAIE	0	R/W	DMA 传输中断使能 0：中断禁止 1：中断使能

表 4.42～表 4.48 中列举了和 CC2530 处理器 T4 定时器相关的寄存器,其中包括:T4CTL 控制寄存器,用来控制定时器的开关和模式;T4CCTL0 和 T4CC0 为 T4 通道 0 比较/捕获控制寄存器和值寄存器;T4CCTL1 和 T4CC1 为 T4 通道 1 比较/捕获控制寄存器和值寄存器;IEN0 与 IEN1 两个寄存器分别控制系统中断总开关和 T4 定时器中断源开关。

3. 软件设计

```
# include < ioCC2530.h>
# define led1 P1_0
# define led2 P1_1
# define uchar unsigned char
/ ******************************************
//定义全局变量
****************************************** /
uchar counter = 0;
/ ******************************************
//T4 配置定义
****************************************** /
// Where _timer_ must be either 3 or 4
// Macro for initialising timer 3 or 4
# define TIMER34_INIT(timer)                                    \
   do {                                                         \
      T# #timer# #CTL  =  0x06;                                 \
      T# #timer# #CCTL0  =  0x00;                               \
      T# #timer# #CC0  =  0x00;                                 \
      T# #timer# #CCTL1  =  0x00;                               \
      T# #timer# #CC1  =  0x00;                                 \
   } while (0)
//Macro for enabling overflow interrupt
# define TIMER34_ENABLE_OVERFLOW_INT(timer,val)                \
   do {                                                        
      (T# #timer# #CTL = (val) ? T# #timer# #CTL | 0x08 : T# #timer# #CTL & ~
0x08);
      EA = 1                                                    \
      T4IE = 1                                                  \
   }while(0)
// Macro for configuring channel 1 of timer 3 or 4 for PWM mode
# define TIMER34_PWM_CONFIG(timer)                             \
   do{                                                         \
      T# #timer# #CCTL1  =  0x24;                               \
      if(timer == 3){                                          \
         if(PERCFG & 0x20) {                                   \
            IO_FUNC_PORT_PIN(1,7,IO_FUNC_PERIPH);              \
         }                                                     \
         else {                                                \
            IO_FUNC_PORT_PIN(1,4,IO_FUNC_PERIPH);              \
         }                                                     \
```

```
            }                                                       \
        else {                                                      \
            if(PERCFG & 0x10) {                                     \
                IO_FUNC_PORT_PIN(2,3,IO_FUNC_PERIPH);               \
            }                                                       \
            else {                                                  \
                IO_FUNC_PORT_PIN(1,1,IO_FUNC_PERIPH);               \
            }                                                       \
        }                                                           \
    } while(0)
// Macro for setting pulse length of the timer in PWM mode
# define TIMER34_SET_PWM_PULSE_LENGTH(timer, value)                 \
    do {                                                            \
        T# #timer# #CC1  =  (BYTE)value;                            \
    } while (0)
// Macro for setting timer 3 or 4 as a capture timer
# define TIMER34_CAPTURE_TIMER(timer,edge)                          \
    do{                                                             \
        T# #timer# #CCTL1  =  edge;                                 \
        if(timer == 3){                                            \
            if(PERCFG & 0x20) {                                     \
                IO_FUNC_PORT_PIN(1,7,IO_FUNC_PERIPH);               \
            }                                                       \
            else {                                                  \
                IO_FUNC_PORT_PIN(1,4,IO_FUNC_PERIPH);               \
        }                                                           \
        }                                                           \
        else {                                                      \
            if(PERCFG & 0x10) {                                     \
                IO_FUNC_PORT_PIN(2,3,IO_FUNC_PERIPH);               \
            }                                                       \
            else {                                                  \
                IO_FUNC_PORT_PIN(1,1,IO_FUNC_PERIPH);               \
            }                                                       \
        }                                                           \
    }while(0)
//Macro for setting the clock tick for timer3 or 4
# define TIMER34_START(timer,val)                                   \
    (T# #timer# #CTL = (val) ? T# #timer# #CTL | 0X10 : T# #timer# #CTL&~
0X10)
# define TIMER34_SET_CLOCK_DIVIDE(timer,val)                        \
    do{                                                             \
        T# #timer# #CTL & =  ~0XE0;                                 \
        (val == 2) ? (T# #timer# #CTL| 0X20):                       \
        (val == 4) ? (T# #timer# #CTL| = 0x40):                     \
        (val == 8) ? (T# #timer# #CTL| = 0X60):                     \
        (val == 16)? (T# #timer# #CTL| = 0x80):                     \
        (val == 32)? (T# #timer# #CTL| = 0xa0):                     \
```

```
            (val == 64) ? (T##timer##CTL| = 0xc0):             \
            (val == 128) ? (T##timer##CTL| = 0XE0):            \
            (T##timer##CTL| = 0X00);         /* 1 */           \
     }while(0)
//Macro for setting the mode of timer3 or 4
#define TIMER34_SET_MODE(timer,val)                            \
     do{                                                       \
        T##timer##CTL &= ~0X03;                                \
        (val == 1)?(T##timer##CTL| = 0X01): /* DOWN */         \
        (val == 2)?(T##timer##CTL| = 0X02): /* Modulo */       \
        (val == 3)?(T##timer##CTL| = 0X03): /* UP / DOWN */    \
        (T##timer##CTL| = 0X00);          /* free runing */    \
     }while(0)
/*******************************************
//T4 及 LED 初始化
******************************************* /
void Init_T4_AND_LED(void)
{
    P1DIR = 0X03;
    led1 = 1;
    led2 = 1;
    TIMER34_INIT(4);                       //初始化 T4
    TIMER34_ENABLE_OVERFLOW_INT(4,1);      //开 T4 中断
    TIMER34_SET_CLOCK_DIVIDE(4,128);
    TIMER34_SET_MODE(4,0);                 //自动重装 00 -> 0xff
    TIMER34_START(4,1);                    //启动
};
void main(void)
{
    Init_T4_AND_LED();                     //初始化 LED 和 T4
    while(1);                              //等待中断
}
#pragma vector = T4_VECTOR
__interrupt void T4_ISR(void)
{
        IRCON = 0x00;                      //可不清中断标志,硬件自动完成
        led2 = 0;                          //for test
        if(counter < 200)counter++;        //200 次中断 LED 闪烁一轮
        else
        {
          counter = 0;                     //计数清 0
          led1 = !led1;                    //改变小灯的状态
        }
}
```

程序通过配置 CC2530 处理器的 T4 定时器进行计数中断设置,从而控制 LED1
灯的闪烁状态。

4. 实施步骤

（1）使用 ZigBee Debuger USB 仿真器连接 PC 和 ZigBee（CC2530）模块，打开 ZigBee 模块开关供电。

（2）启动 IAR 开发环境，新建工程。

（3）在 IAR 开发环境中编译、运行、调试程序。

串口控制

5.1 项目任务和指标

本项目将完成串口收发数据和串口控制 LED 灯等任务。

通过本项目的实施,读者应掌握串行通信接口的概念、串行通信接口寄存器的相关概念和方法,设置串行通信接口寄存器波特率的方法,重点是掌握 UART 接收的具体应用。

5.2 项目的预备知识

5.2.1 串行通信接口

CC2530 有两个串行通信接口 USART0 和 USART1,它们能够分别运行于异步模式(UART)或者同步模式(SPI)。当寄存器位 UxCSR. MODE 设置为 1 时,就选择了 UART 模式,这里 x 是 USART 的编号,数值为 0 或者 1。当两个 USART 具有同样的功能,可以设置单独的 I/O 引脚,一旦硬件电路确定下来,再进行程序设计时,需要按照硬件电路来设置 USART 的 I/O 引脚。寄存器位 PERCFGU0CFG 选择是否使用备用位置 1 或备用位置 2。在 UART 模式中,可以使用双线连接方式(含有引脚 RXD、TXD)或者四线连接方式(含有引脚 PXD、TXD、RTS 和 CTS),其中 RTS 和 CTS 引脚用于硬件流量控制。UART 模式的操作具有以下特点:

(1) 8 位或者 9 位负载数据。

(2) 奇校验、偶校验或者无奇偶校验。

（3）配置起始位和停止位电平。

（4）配置 LSB 或者 MSB 首先传送。

（5）独立收发中断。

（6）独立收发 DMA 触发。

（7）奇偶校验和帧校验出错状态。

UART 模式提供全双工传送，接收器中的位同步不影响发送功能。传送一个 UART 字节包含 1 个起始位、8 个数据位、1 个作为可选项的第 9 位数据或者奇偶校验位再加上 1 个或 2 个停止位。注意，虽然真实的数据包含 8 位或者 9 位，但是，数据传送只涉及 1 字节。

5.2.2 串行通信接口寄存器

UART 操作由 USART 控制和状态寄存器 UxCSR 以及 UART 控制寄存器 UxUCR 来控制。寄存器 UxBAUD 用于设置波特率，寄存器 UxBUF 是 USART 接收/传送数据缓存，这里的 x 是 USART 的编号，其数值为 0 或者 1。表 5.1～表 5.5 为 USART0 的相关寄存器。

表 5.1　U0CSR——USART0 控制和状态寄存器

位	名称	复位	R/W	描述
7	MODE	0	R/W	USART 模式选择 0：SPI 模式 1：UART 模式
6	RE	0	R/W	UART 接收器使能。注意在 UART 完全配置之前不使能接收 0：禁用接收器 1：接收器使能
5	SLAVE	0	R/W	SPI 主或者从模式选择 0：SPI 主模式 1：SPI 从模式
4	FE	0	R/W0	USART 帧错误状态 0：无帧错误检测 1：字节收到不正确停止位级别
3	ERR	0	R/W0	UART 奇偶错误状态 0：无奇偶错误检测 1：字节收到奇偶错误
2	RX_BYTE	0	R/W0	接收字节状态。UART 模式和 SPI 从模式。当读 U0DBUF 该位自动清除，通过写 0 清除它，这样能有效丢弃 U0DBUF 中的数据 0：没有收到字节 1：准备好接收字节

位	名称	复位	R/W	描　　述
1	TX_BYTE	0	R/W0	传送字节状态。UART 模式和 SPI 主模式 0：字节没有被传送 1：写到数据缓存寄存器的最后字节被传送
0	ACTIVE	0	R	USART 传送/接收主动状态。在 SPI 从模式 下该位等于从模式选择 0：USART 空闲 1：在传送或者接收模式 USART 忙碌

表 5.2　U0UCR——USART0 UART 控制寄存器

位	名称	复位	R/W	描　　述
7	FLUSH	0	RO/W1	清除单元。当设置时，该事件将会立即停止 当前操作并且返回单元的空闲状态
6	FLOW	0	R/W	UART 硬件流使能。用 RTS 和 CTS 引脚选 择硬件流控制的使用 0：流控制禁止 1：流控制使能
5	D9	0	R/W	UART 奇偶校验位。当使能奇偶检验，写入 D9 的值决定发送的第 9 位的值，如果收到的 第 9 位不匹配收到字节的奇偶校验，接收时 报告 ERR。如果奇偶校验使能，那么该位设 置以下奇偶校验级别 0：奇校验 1：偶校验
4	BIT9	0	R/W	UART9 位数据使能。当该位是 1 时，使能奇 偶校验位传输（即第 9 位）。如果通过 PARITY 使能奇偶校验，第 9 位的内容是通 过 D9 给出的 0：8 位传送 1：9 位传送
3	PARITY	0	R/W	UART 奇偶校验使能。除了为奇偶校验设置 该位用于计算，必须使能 9 位模式 0：禁用奇偶校验 1：奇偶校验使能
2	SPB	0	R/W	UART 停止位的位数。选择要传送的停止位 的位数 0：1 位停止位 1：2 位停止位

位	名称	复位	R/W	描　述
1	STOP	1	R/W	UART 停止位的电平必须不同于开始位的电平 0：停止位低电平 1：停止位高电平
0	START	0	R/W	UART 起始位电平。闲置线的极性采用选择的起始位级别的电平的相反的电平 0：起始位低电平 1：起始位高电平

表 5.3　U0GCR（0xC5）——USART0 通用控制寄存器

位	名称	复位	R/W	描　述
7	CPOL	0	R/W	SPI 的时钟极性 0：负时钟极性 1：正时钟极性
6	CPHA	0	R/W	SPI 的时钟极性 0：CPOL 颠倒后传送 CPOL 1：CPOL 到 CPOL 后颠倒
5	ORDER	0	R/W	传送位顺序 0：LSB 先传送 1：MSB 先传送
4：0	BAUD_E[4：0]	0 0000	R/W	波特率指数值。BAUD_E 和 BAUD_M 决定了 UART 波特率和 SPI 的主 SCK 时钟频率

表 5.4　U0BUF——USART0 接收/传送数据缓存寄存器

位	名称	复位	R/W	描　述
7：0	DATA[7：0]	0x00	R/W	USART 接收和传送数据。当写这个寄存器的时候数据被写到内部，传送数据寄存器。当读取该寄存器的时候，数据来自内部读取的数据寄存器

表 5.5　U0BAUD——USART0 波特率控制寄存器

位	名称	复位	R/W	描　述
7：0	BAUD_M[7：0]	0x00	R/W	波特率小数部分的值。BAUD_E 和 BAUD_M 决定了 UART 的波特率和 SPI 的主 SCK 时钟频率

5.2.3　设置串行通信接口寄存器波特率

当运行状态 UART 模式时，内部的波特率发生器设置 UART 波特率，由寄存器

UxBAUD. BAUD_M[7:0]和 UxGCR. BAUD_E[4:0]定义波特率,如表 5.6 所示。

表 5.6 32MHz 系统时钟常用的波特率设置

波特率/bps	UxBAUD. BAUD_M	UxGCR. BAUD_E	误差/%
2400	59	6	0.14
4800	59	7	0.14
9600	59	8	0.14
14 400	216	8	0.03
19 200	59	9	0.14
28 800	216	9	0.03
38 400	59	10	0.14
57 600	216	10	0.03
76 800	59	11	0.14
115 200	216	11	0.03
230 400	216	12	0.03

5.2.4 UART 接收

当 1 写入 UxCSR. RE 位时,在 UART 上数据接收就开始了。然后 UART 会在输入引脚 RXDx 中寻找有效起始位,并且设置 UxCSR. ACTIVE 位为 1。当检测出有效起始位时,收到的字节就传入到接收寄存器,通过寄存器 UxBUF 提供收到的数据字节。当 UxBUF 读出时,xCSR. RX_BYTE 位由硬件清 0。

5.3 项目实施

5.3.1 任务 1:串口收发数据

1. 项目环境

(1) 硬件:ZigBee(CC2530)模块、ZigBee 下载调试板、USB 仿真器和 PC。

(2) 软件:IAR Embedded Workbench for MCS-51。

2. 项目原理

1)硬件接口原理

ZigBee(CC2530)模块 LED 硬件接口如图 5.1 所示。

ZigBee(CC2530)模块硬件上设计有两个 LED 灯,用来编程调试使用。分别连接 CC2530 的 P1_0、P1_1 两个 I/O 引脚。从原理图上可以看出,两个 LED 灯共阳极,当 P1_0、P1_1 引脚为低电平时,LED 灯点亮。

2)CC2530 I/O 相关寄存器

P1 寄存器的相关信息如表 5.7 所示,P1DIR 寄存器的相关信息如表 5.8 所示。

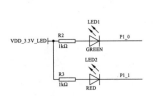
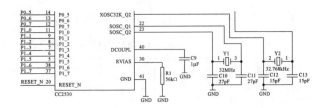

图 5.1 LED 硬件接口

表 5.7 P1 寄存器

位	名称	复位	R/W	描 述
7：0	P1_[7：0]	0xFF	R/W	端口 1 是通用 I/O 端口。位寻址从 SFR 开始。CPU 内部寄存器是可读的，但是不可写，从 XDATA(0x7090)开始

表 5.8 寄存器 P1DIR

位	名称	复位	R/W	描 述
7：0	DIRP1_[7：0]	0x00	R/W	P1_7～P1_0 的 I/O 方向 0：输入 1：输出

表 5.7 和表 5.8 中列出了关于 CC2530 处理器的 P1 I/O 相关寄存器，其中只用到了 P1 和 P1DIR 两个寄存器的设置，P1 寄存器为可读写的数据寄存器，P1DIR 为 I/O 选择寄存器，其他 I/O 寄存器的功能，使用默认配置。

CLKCONCMD 和 CLKCONSTA 寄存器的相关信息如表 5.9 和表 5.10 所示。

表 5.9 CLKCONCMD 时钟控制寄存器

位	名称	复位	R/W	描 述
7	OSC32K	1	W	32kHz 时钟源选择 0：32kHz 晶振 1：32kHz RC 振荡
6	OSC	1	W	主时钟源选择 0：32MHz 晶振 1：16MHz RC 振荡
5：3	TICKSPD[2：0]	001	W	定时器计数时钟分频(该时钟频不大于 OSC 决定频率) 000：32MHz 001：16MHz 010：8MHz 011：4MHz 100：2MHz 101：1MHz 110：0.5MHz 111：0.25MHz

续表

位	名称	复位	R/W	描　述
2：0	CLKSPD	001	W	时钟速率,不能高于系统时钟 000：32MHz 001：16MHz 010：8MHz 011：4MHz 100：2MHz 101：1MHz 110：500kHz 111：250kHz

表 5.10　CLKCONSTA 时钟状态寄存器

位	名称	复位	R/W	描　述
7	OSC32K	1	R	32kHz 时钟源选择 0：32kHz 晶振 1：32kHz RC 振荡
6	OSC	1	R	主时钟源选择 0：32MHz 晶振 1：16MHz RC 振荡
5：3	TICKSPD[2：0]	001	R	定时器计数时钟分频(该时钟频不大于 OSC 决定频率) 000：32MHz 001：16MHz 010：8MHz 011：4MHz 100：2MHz 101：1MHz 110：0.5MHz 111：0.25MHz
2：0	CLKSPD	001	R	时钟速率,不能高于系统时钟 000：32MHz 001：16MHz 010：8MHz 011：4MHz 100：2MHz 101：1MHz 110：500kHz 111：250kHz

SLEEPCMD 控制寄存器的相关信息如表 5.11 所示,PERCFG 寄存器的相关信息如表 5.12 所示。

表 5.11 SLEEPCMD 睡眠模式控制寄存器

位	名称	复位	R/W	描 述
7	—	0	R	预留
6	XOSC_STB	0	W	低速时钟状态 0：没有打开或者不稳定 1：打开且稳定
5	HFRC_STB	0	W	主时钟状态 0：没有打开或者不稳定 1：打开且稳定
4：3	RST[1：0]	xx	W	最后一次复位指示 00：上电复位 01：外部复位 10：看门狗复位
2	OSC_PD	0	W	节能控制，OSC 状态改变的时候硬件清 0 0：不关闭无用时钟 1：关闭无用时钟
1：0	MODE[1：0]	0	W	功能模式选择 00：PM0 01：PM1 10：PM2 11：PM3

表 5.12 PERCFG 外设控制寄存器

位	名称	复位	R/W	描 述
7	—	0	R	预留
6	T1CFG	0	R/W	T1 I/O 位置选择 0：位置 1 1：位置 2
5	T3CFG	0	R/W	T3 I/O 位置选择 0：位置 1 1：位置 2
4	T4CFG	0	R/W	T4 I/O 位置选择 0：位置 1 1：位置 2
3：2	—	00	RO	预留
1	U1CFG	0	R/W	串口 1 位置选择 0：位置 1 1：位置 2
0	U0CFG	0	R/W	串口 0 位置选择 0：位置 1 1：位置 2

U0CSR 寄存器的相关信息如表 5.13 所示，U0GCR 寄存器的相关信息如表 5.14 所示，U0BUF 寄存器的相关信息如表 5.15 所示，U0BAUD 寄存器的相关信息如表 5.16 所示。

表 5.13 U0CSR(串口 0 控制和状态寄存器)

位	名称	复位	R/W	描 述
7	MODE	0	R/W	串口模式选择 0：SPI 模式 1：UART 模式
6	RE	0	R/W	接收使能 0：关闭接收 1：允许接收
5	SLAVE	0	R/W	SPI 主从选择 0：SPI 主 1：SPI 从
4	FE	0	R/W	串口帧错误状态 0：没有帧错误 1：出现帧错误
3	ERR	0	R/W	串口校验结果 0：没有校验错误 1：字节校验出错
2	RX_BYTE	0	R/W	接收状态 0：没有接收到数据 1：接收到 1 字节数据
1	TX_BYTE	0	R/W	发送状态 0：没有发送 1：最后一次写入 U0BUF 的数据已经发送
0	ACTIVE	0	R	串口忙标志 0：串口闲 1：串口忙

表 5.14 U0GCR(串口 0 常规控制寄存器)

位	名称	复位	R/W	描 述
7	CPOL	0	R/W	SPI 时钟极性 0：低电平空闲 1：高电平空闲
6	CPHA	0	R/W	SPI 时钟相位 0：由 CPOL 跳向非 CPOL 时采样，由非 CPOL 跳向 CPOL 时输出 1：由非 CPOL 跳向 CPOL 时采样，由 CPOL 跳向非 CPOL 时输出

续表

位	名称	复位	R/W	描　述
5	ORDER	0	R/W	传输位序 0：低位在先 1：高位在先
4：0	BAUD_E[4：0]	0x00	R/W	波特率指数值，BAUD_M 决定波特率

表 5.15　U0BUF（串口 0 收发缓冲器）

位	名称	复位	R/W	描　述
7：0	DATA[7：0]	0x00	R/W	UART0 收发寄存器

表 5.16　U0BAUD（串口 0 波特率控制器）

位	名称	复位	R/W	描　述
7：0	BAUD_M[7：0]	0x00	R/W	波特率尾数，与 BAUD_E 决定波特率

表 5.9～表 5.16 中列举了和 CC2530 处理器串口操作相关的寄存器，其中包括：
CLKCONCMD 控制寄存器，用来控制系统时钟源；SLEEPCMD 和 SLEEPSTA 寄存
器，用来控制各种时钟源的开关和状态；PERCFG 寄存器为外设功能控制寄存器，用
来控制外设功能模式；U0CSR、U0GCR、U0BUF、U0BAUD 等为串口相关寄存器。

3. 软件设计

```
# include < iocc2530.h >
# include < stdio.h >
# include "./uart/hal_uart.h"
# define uchar unsigned char
# define uint unsigned int
# define uint8 uchar
# define uint16 uint
# define TRUE 1
# define FALSE 0
//定义控制 LED 灯的端口
# define LED1 P1_0                          //定义 LED1 为 P1_0 端口控制
# define LED2 P1_1                          //定义 LED2 为 P1_1 端口控制
uchar temp;
/ *****************************
//延时函数
 ***************************** /
void Delay(uint n)
{
    uint i,t;
    for(i = 0;i < 5;i++)
    for(t = 0;t < n;t++);
}
```

```
void InitLed(void)
{
    P1DIR |= 0x03;                                  //P1_0、P1_1 定义为输出
    LED1 = 1;                                       //LED1 灯熄灭
    LED2 = 1;                                       //LED2 灯熄灭
}
void main(void)
{
    char receive_buf[30];
    uchar counter = 0;
    uchar RT_flag = 1;
    InitUart();                                     // 波特率为 57600bps
    InitLed();
    while(1)
    {
        if(RT_flag == 1)                            //接收
        {
          LED2 = 0;                                 //接收状态指示
          if( temp != 0)
          {
          if((temp!= '\r')&&(counter < 30))         //'\r'回车键为结束字符
                                                    //最多能接收 30 个字符
              {
                receive_buf[counter++] = temp;
              }
              else
              {
                RT_flag = 3;                        //进入发送状态
              }
              if(counter == 30) RT_flag = 3;
              temp = 0;
          }
        }
        if(RT_flag == 3)                            //发送
        {
            LED2 = 1;                               //关 LED2
            LED1 = 0;                               //发送状态指示
            U0CSR &= ~0x40;                         //禁止接收
            receive_buf[counter] = '\0';
            prints(receive_buf);
            prints("\r\n");
            U0CSR |= 0x40;                          //允许接收
            RT_flag = 1;                            //恢复到接收状态
            counter = 0;                            //指针归 0
            LED1 = 1;                               //关发送指示
        }
    }
}
```

```
/*************************************************************
* 函数功能：串口接收一个字符
* 入口参数：无
* 返 回 值：无
* 说 明：接收完成后打开接收
*************************************************************/
#pragma vector = URX0_VECTOR
__interrupt void UART0_ISR(void)
{
    URX0IF = 0;                          //清中断标志
    temp = U0DBUF;
}
```

　　程序通过配置 CC2530 处理器的串口相关控制寄存器来设置串口 0 的工作模式为串口模式，波特率为 57600bps，使用中断方式接收串口数据并向串口输出。

4. 实施步骤

（1）使用 ZigBee Debuger USB 仿真器连接 PC 和 ZigBee（CC2530）模块，打开 ZigBee 模块开关供电。将系统配套串口线一端连接 PC，另一端连接 ZigBee 调试板的串口上。

（2）启动 IAR 开发环境，新建工程。

（3）在 IAR 开发环境中编译、运行、调试程序。

（4）使用 PC 自带的超级终端（注意：字符串必须以回车键结束或输入字符串长度超过 30 个字符，才会显示）。连接串口，将超级终端设置为串口波特率 57600bps、8 位、无奇偶校验，无硬件流模式，当向串口终端输入数据并按回车结束时，将在超级终端看到串口输入的数据。

5.3.2　任务 2：串口控制 LED

1. 项目环境

（1）硬件：ZigBee（CC2530）模块、ZigBee 下载调试板、USB 仿真器和 PC。

（2）软件：IAR Embedded Workbench for MCS-51。

2. 项目原理

1）硬件接口原理

ZigBee（CC2530）模块 LED 硬件接口如图 5.2 所示。

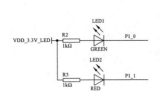
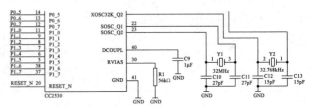

图 5.2　LED 硬件接口

ZigBee(CC2530)模块硬件上设计有两个 LED 灯,用来编程调试使用。分别连接 CC2530 的 P1_0、P1_1 两个 I/O 引脚。从原理图上可以看出,两个 LED 灯共阳极,当 P1_0、P1_1 引脚为低电平时,LED 灯点亮。

2) CC2530 I/O 相关寄存器

P1 寄存器的相关信息如表 5.17 所示,P1DIR 寄存器的相关信息如表 5.18 所示。

表 5.17　P1 寄存器

位	名称	复位	R/W	描　　述
7：0	P1_[7：0]	0xFF	R/W	端口 1 是通用 I/O 端口。位寻址从 SFR 开始。CPU 内部寄存器是可读的,但是不可写,从 XDATA(0x7090)开始

表 5.18　寄存器 P1DIR

位	名称	复位	R/W	描　　述
7：0	DIRP1_[7：0]	0x00	R/W	P1_7～P1_0 的 I/O 方向 0：输入 1：输出

表 5.17 和表 5.18 中列出了关于 CC2530 处理器的 P1 I/O 相关寄存器,其中只用到了 P1 和 P1DIR 两个寄存器的设置,P1 寄存器为可读写的数据寄存器,P1DIR 为 I/O 选择寄存器,其他 I/O 寄存器的功能使用默认配置。

CLKCONCMD 和 CLKCONSTA 寄存器的相关信息如表 5.19 和表 5.20 所示。

表 5.19　CLKCONCMD 时钟控制寄存器

位	名称	复位	R/W	描　　述
7	OSC32K	1	W	32kHz 时钟源选择 0：32kHz 晶振 1：32kHz RC 振荡
6	OSC	1	W	主时钟源选择 0：32MHz 晶振 1：16MHz RC 振荡
5：3	TICKSPD[2：0]	001	W	定时器计数时钟分频(该时钟频不大于 OSC 决定频率) 000：32MHz 001：16MHz 010：8MHz 011：4MHz 100：2MHz 101：1MHz 110：0.5MHz 111：0.25MHz

续表

位	名称	复位	R/W	描　述
2：0	CLKSPD	001	W	时钟速率,不能高于系统时钟 000：32MHz 001：16MHz 010：8MHz 011：4MHz 100：2MHz 101：1MHz 110：500kHz 111：250kHz

表 5.20　CLKCONSTA 时钟状态寄存器

位	名称	复位	R/W	描　述
7	OSC32K	1	R	32kHz 时钟源选择 0：32kHz 晶振 1：32kHz RC 振荡
6	OSC	1	R	主时钟源选择 0：32MHz 晶振 1：16MHz RC 振荡
5：3	TICKSPD[2：0]	001	R	定时器计数时钟速率(该时钟频不大于 OSC 决定频率) 000：32MHz 001：16MHz 010：8MHz 011：4MHz 100：2MHz 101：1MHz 110：0.5MHz 111：0.25MHz
2：0	CLKSPD	001	R	时钟速率,不能高于系统时钟 000：32MHz 001：16MHz 010：8MHz 011：4MHz 100：2MHz 101：1MHz 110：500kHz 111：250kHz

　　SLEEPCMD 控制寄存器的相关信息如表 5.21 所示,PERCFG 寄存器的相关信息如表 5.22 所示。

表 5.21 SLEEPCMD 睡眠模式控制寄存器

位	名称	复位	R/W	描述
7	—	0	R	预留
6	XOSC_STB	0	W	低速时钟状态 0：没有打开或者不稳定 1：打开且稳定
5	HFRC_STB	0	W	主时钟状态 0：没有打开或者不稳定 1：打开且稳定
4：3	RST[1：0]	xx	W	最后一次复位指示 00：上电复位 01：外部复位 10：看门狗复位
2	OSC_PD	0	W	节能控制,OSC 状态改变的时候硬件清 0 0：不关闭无用时钟 1：关闭无用时钟
1：0	MODE[1：0]	0	W	功能模式选择 00：PM0 01：PM1 10：PM2 11：PM3

表 5.22 PERCFG 外设控制寄存器

位	名称	复位	R/W	描述
7	—	0	R	预留
6	T1CFG	0	R/W	T1 I/O 位置选择 0：位置 1 1：位置 2
5	T3CFG	0	R/W	T3 I/O 位置选择 0：位置 1 1：位置 2
4	T4CFG	0	R/W	T4 I/O 位置选择 0：位置 1 1：位置 2
3：2	—	00	RO	预留
1	U1CFG	0	R/W	串口 1 位置选择 0：位置 1 1：位置 2
0	U0CFG	0	R/W	串口 0 位置选择 0：位置 1 1：位置 2

U0CSR 寄存器的相关信息如表 5.23 所示，U0GCR 寄存器的相关信息如表 5.24 所示，U0BUF 寄存器的相关信息如表 5.25 所示，U0BAUD 寄存器的相关信息如表 5.26 所示。

表 5.23　U0CSR（串口 0 控制和状态寄存器）

位	名称	复位	R/W	描　　述
7	MODE	0	R/W	串口模式选择 0：SPI 模式 1：UART 模式
6	RE	0	R/W	接收使能 0：关闭接收 1：允许接收
5	SLAVE	0	R/W	SPI 主从选择 0：SPI 主 1：SPI 从
4	FE	0	R/W	串口帧错误状态 0：没有帧错误 1：出现帧错误
3	ERR	0	R/W	串口校验结果 0：没有校验错误 1：字节校验出错
2	RX_BYTE	0	R/W	接收状态 0：没有接收到数据 1：接收到 1 字节数据
1	TX_BYTE	0	R/W	发送状态 0：没有发送 1：最后一次写入 U0BUF 的数据已经发送
0	ACTIVE	0	R	串口忙标志 0：串口闲 1：串口忙

表 5.24　U0GCR（串口 0 常规控制寄存器）

位	名称	复位	R/W	描　　述
7	CPOL	0	R/W	SPI 时钟极性 0：低电平空闲 1：高电平空闲
6	CPHA	0	R/W	SPI 时钟相位 0：由 CPOL 跳向非 CPOL 时采样，由非 CPOL 跳向 CPOL 时输出 1：由非 CPOL 跳向 CPOL 时采样，由 CPOL 跳向非 CPOL 时输出

续表

位	名称	复位	R/W	描　述
5	ORDER	0	R/W	传输位序 0：低位在先 1：高位在先
4：0	BAUD_E[4：0]	0x00	R/W	波特率指数值,BAUD_M 决定波特率

表 5.25　U0BUF(串口 0 收发缓冲器)

位	名称	复位	R/W	描　述
7：0	DATA[7：0]	0x00	R/W	UART0 收发寄存器

表 5.26　U0BAUD(串口 0 波特率控制器)

位	名称	复位	R/W	描　述
7：0	BAUD_M[7：0]	0x00	R/W	波特率尾数,与 BAUD_E 决定波特率

表 5.19~表 5.26 中列举了和 CC2530 处理器串口操作相关的寄存器,其中包括:
CLKCONCMD 和 CLKCONSTA 控制寄存器,用来控制系统时钟源和状态;
SLEEPCMD 和 SLEEPSTA 寄存器,用来控制各种时钟源的开关和状态;PERCFG
寄存器为外设功能控制寄存器,用来控制外设功能模式;U0CSR、U0GCR、U0BUF、
U0BAUD 等为串口相关寄存器。

3. 软件设计

```
# include < iocc2530.h >
# include < stdio.h >
# include "./uart/hal_uart.h"
# define uchar unsigned char
# define uint unsigned int
# define uint8 uchar
# define uint16 uint
# define TRUE 1
# define FALSE 0
//定义控制 LED 灯的端口
# define LED1 P1_0                          //定义 LED1 为 P1_0 端口控制
# define LED2 P1_1                          //定义 LED2 为 P1_1 端口控制
uchar temp;
/ ***************************
//延时函数
*************************** /
void Delay(uint n)
{
    uint i,t;
    for(i = 0;i < 5;i++)
```

```
        for(t = 0;t < n;t++);
    }
    void InitLed(void)
    {
        P1DIR |= 0x03;                          //P1_0、P1_1 定义为输出
        LED1 = 1;                               //LED1 灯熄灭
        LED2 = 1;                               //LED2 灯熄灭
    }
    void main(void)
    {
        char receive_buf[3];
        uchar counter  = 0;
        uchar RT_flag = 1;

        InitUart();                             // 波特率为57600bps
        InitLed();
        prints("input: 11 -----> LED1 on      10 -----> LED1 off      21 -----> LED2 on
20 -----> LED2 off\r\n");
        while(1)
        {
            if(RT_flag == 1)                    //接收
            {
              if( temp != 0)
              {
                if((temp!= '\r')&&(counter < 3))   //'\r'回车键为结束字符
                                                   //最多能接收 3 个字符
                {
                    receive_buf[counter++] = temp;
                }
                else
                {
                    RT_flag = 3;                //进入 LED 设置状态
                }
                if(counter == 3) RT_flag = 3;
                temp = 0;
              }
            }
            if(RT_flag == 3)                    //LED 状态设置
            {
                U0CSR &= ~0x40;                 //禁止接收
                receive_buf[2] = '\0';
             // prints(receive_buf); prints("\r\n");
                if(receive_buf[0] == '1')
                {
                if(receive_buf[1] == '1') { LED1 = 0; prints("led1 on\r\n"); }
                else if(receive_buf[1] == '0') { LED1 = 1; prints("led1 off\r\n"); }
                }
                else if(receive_buf[0] == '2')
```

```
    {
        if(receive_buf[1] == '1') { LED2 = 0; prints("led2 on\r\n"); }
        else if(receive_buf[1] == '0') { LED2 = 1; prints("led2 off\r\n"); }
    }
    U0CSR |= 0x40;                      //允许接收
    RT_flag = 1;                        //恢复到接收状态
    counter = 0;                        //指针归 0
    }
  }
}
/ ***************************************************************
* 函数功能：串口接收一个字符
* 入口参数：无
* 返 回 值：无
* 说　明：接收完成后打开接收
***************************************************************** /
#pragma vector = URX0_VECTOR
__interrupt void UART0_ISR(void)
{
    URX0IF = 0;                         //清中断标志
    temp = U0DBUF;
}
```

　　程序通过配置 CC2530 处理器的串口相关控制寄存器来设置串口 0 的工作模式为串口模式，波特率为 57600bps，通过判断串口的输入来控制 LED 灯的状态。

4. 实施步骤

　　(1) 使用 ZigBee Debuger USB 仿真器连接 PC 和 ZigBee(CC2530)模块，打开 ZigBee 模块开关供电。将系统配套串口线一端连接 PC，另一端连接在 ZigBee 调试板的串口上。

　　(2) 启动 IAR 开发环境，新建工程。

　　(3) 在 IAR 开发环境中编译、运行、调试程序。

　　(4) 使用 PC 自带的超级终端连接串口，将超级终端设置为串口波特率 57600bps、8 位、无奇偶校验、无硬件流模式，当向串口输入相应数据格式的数据时，即可控制 LED 灯的开关。

　　LED1 开：　11 回车

　　LED1 关：　10 回车

　　LED2 开：　21 回车

　　LED2 关：　20 回车

项目 6

A/D转换控制

6.1 项目任务和指标

本项目将完成片上温度 A/D 转换控制、模拟电压 A/D 转换控制和电源电压 A/D 转换控制等任务。

通过本项目的实施，读者应掌握 ADC 的基本概念、ADC 的输入、ADC 的寄存器应用、ADC 的转换结果以及单个 ADC 转换的应用。

6.2 项目的预备知识

6.2.1 ADC 简介

所谓 A/D 转换器就是模拟/数字转换器(Analog to Digital Converter,ADC)，它将输入的模拟信号转换成为数字信号。在模拟信号需要以数字形式处理、存储或传输时，A/D 转换器几乎必不可少。8 位、10 位、12 位或 16 位的慢速片内(On-chip)A/D 转换器在微控制器里十分普遍。速度很高的 A/D 转换器在数字示波器里是必需的，另外在软件无线电里也很关键。

CC2530 的 ADC 支持多达 14 位的模拟数字转换，具有多达 12 位的有效数字位，比一般的单片机的 8 位 ADC 精度要高。它包括一个模拟器多路转换器，具有多达 8 个各自可配置的通道；以及一个参考电压发生器。转换结果可以通过 DMA 写入存储器，从而减轻 CPU 的负担。

CC2530 的 ADC 的主要特性如下：

(1) 可选的抽取率。

(2) 8 个独立的输入通道，可接收单端或差分（电压差）信号。

(3) 参考电压可选为内部单端、外部单端、外部差分或 AVDD5（供电电压）。

(4) 产生中断请求。

(5) 转换结果时 DMA 触发。

(6) 可以将片内的温度传感器作为输入。

(7) 电池测量功能。

6.2.2 ADC 输入

端口 0 引脚的信号可以用作 ADC 输入（这时一般用 AIN0～AIN7 来称呼这些引脚）。可以把 AIN0～AIN7 配置为单端或差分输入。在选择差分输入的情况下，差分输入包括输入对 AIN0-AIN1、AIN2-AIN3、AIN4-AI 和 AIN6-AIN7；差分模式下的转换取自输入对之间的电压差，如 AIN0 和 AIN1 这两个引脚的差。除了输入引脚 AIN0～AIN7，片上温度传感器的输出也可以选择作为 ADC 的输入，用于片上温度测量。还可以输入一个对应 AVDD5/3 的电压作为一个 ADC 输入。这个输入允许在应用中实现一个电池检测器的功能。注意：在这种情况下，参考电压不能取决于电源电压，如 AVDD5 电压不能用作一个参考电压。8 位模拟输入来自 I/O 引脚，不必经过编程变为模拟输入。但是相应的模拟输入在 APCFG 中禁用，那么通道将被跳过。当使用差分输入时，处于差分对的两个引脚都必须在 APCFG 寄存器中设置为模拟输入引脚。APCFG 寄存器如表 6.1 所示。

表 6.1 APCFG——模拟 I/O 配置寄存器

位	名称	复位	R/W	描述
7：0	APCFG[7：0]	0x00	R/W	模拟 I/O 配置。APCFG[7：0]选择 P0.7～P0.0 作为模拟 I/O 0：模拟 I/O 禁用 1：模拟 I/O 使用

ADC 的输入用 16 个通道来描述，单端电压输入 AIN0～AIN7 以通道号码 0～7 表示。差分输入对 AIN0-AIN1、AIN2-AIN3、AIN4-AIN5 和 AIN6-AIN7 用通道 0～11 表示。GND 通道号 12，温度传感器通道信号 14，AVDD5/3 通道号 15。ADC 使用哪个通道作为输入由寄存器 ADCCON2（序列转换）或 ADCCON3（单个转换）决定。

6.2.3 ADC 寄存器

ADC 有两个数据寄存器：ADCL（ADC 数据低位寄存器）和 ADCH（ADC 数据高位寄存器），如表 6.2 和表 6.3 所示。ADC 有三种控制寄存器：ADCCON1、ADCCON2 和 ADCCON3，如表 6.4 和表 6.5 所示。这些寄存器用于配置 ADC 并报告结果。

表 6.2　ADCL——ADC 数据低位寄存器

位	名称	复位	R/W	描　述
7：2	ADC[5：0]	000000	R	ADC 转换结果的低位部分
1：0	—	00	R0	没有使用。读出来一直是 0

表 6.3　ADCH——ADC 数据高位寄存器

位	名称	复位	R/W	描　述
7：0	ADC[13：6]	0x00	R	ADC 转换结果的高位部分

表 6.4　ADCCON1 ADC 控制寄存器 1

位	名称	复位	R/W	描　述
7	EOC	0	R/H0	转换结束。当 ADCH 被读取的时候清除。如果读取前一数据之前，完成一个新的转换，EOC 位仍然为高 0：转换没有完成 1：转换完成
6	ST	0		开始转换。读为 1，直到转换完成 0：没有转换正在运行 1：如果 ADCCON1. STSEL＝11 并且没有序列正在运行就启动一个转换序列
5：4	STSEL[1：0]	11	R/W1	启动选择。选择该事件，将启动一个新的转换序列 00：P2.0 引脚的外部触发 01：全速。不等待触发器 10：定时器 1 通道 0 比较事件 11：ADCCON1. ST＝1
3：2	RCTRL[1：0]	00	R/W	控制 16 位随机数发生器。当写 01 时，当操作完成时设置将自动返回到 00 00：正常运行(13X 型展开) 01：LFSR 的时钟一次(没有展开) 10：保留 11：停止。关闭随机数发生器
1：0	—	11	R/W	保留。一直设为 11

表 6.5　ADCCON3 ADC 控制寄存器 3

位	名称	复位	R/W	描　述
7：6	EREF[1：0]	00	R/W	选择用于额外转换的参考电压 00：内部参考电压 01：AIN7 引脚的外部参考电压 10：AVDD5 引脚 11：在 AIN6-AIN7 差分输入的外部参考电压

位	名称	复位	R/W	描　述
5∶4	EDIV[1∶0]	00	R/W	设置用于额外转换的抽取率。抽取率也决定了完成转换需要的时间和分辨率 00：64 抽取率(7 位 ENOB) 01：128 抽取率(9 位 ENOB) 10：256 抽取率(10 位 ENOB) 11：512 抽取率(12 位 ENOB)
3∶0	EDIV[1∶0]	0000	R/W	单个通道选择。选择写 ADCCON3 触发的单个转换所在的通道号码。当单个转换完成时,该位自动清除 0000：AIN0 0001：AIN1 0010：AIN2 0011：AIN3 0100：AIN4 0101：AIN5 0110：AIN6 0111：AIN7 1000：AIN0-AIN1 1001：AIN2-AIN3 1010：AIN4-AIN5 1011：AIN6-AIN7 1100：GND 1101：正电压参考 1110：温度传感器 1111：VDD/3

ADCCON1.EOC 位是一个状态位,当一个转换结束时,设置高电平,常用于判断转换是否完成。当读取 ADCH 时,它就被清除。ADCCON1.ST 位用于启动一个转换序列。当这个位设置高电平,ADCCON1.STSEL 是 11,如果当前没有转换正在运行时,就启动一个序列。当这个序列转换完成,这个位就被自动清除。

ADCCON2 寄存器控制转换序列是如何执行的? ADCCON2.SREF 用于选择参考电压。参考电压只能在没有转换运行的时间修改。ADCCON2.SDIV 位选择抽取率(并因此也设置了分辨率和完成一个转换所需要的时间,或样本率)。抽取率只能在没有转换运行的时候修改。

ADCCON3 寄存器控制单个转换的通道号码、参考电压和抽取率。单个转换在寄存器 ADCCON3 写入后将立即发生,或如果一个转换序列正在进行,该序列结束之后立即发生。该寄存器位的编码和 ADCCON2 是完全一样的。

6.2.4　ADC 转换结果

数字转换结果以 2 的补码形式表示。对于单端配置,结果总是为正。这是因为结果是输入信号和地面之间的差值,它总是一个正符号数,输入幅度等于所选的电压参考 VREF 时,达到最大值。对于差分配置两个引脚之间的差分被转换,这个差分可以是负符号数。对于抽取率是 512 的一个数字转换结果的 12 位 MSB,当模拟输入 Vconv 等于 VREF 时,数字转换结果是 2047,当模拟输入等于－VREF 时,数字转换结果是－2048。

当 ADCCON1.EOC 设置为 1 时,数字转换结果是可以获得的,且结果放在 ADCH 和 ADCL 中。

6.2.5　单个 ADC 转换

除了转换序列,ADC 可以编程为任何通道单独执行一个转换。这样一个转换通过写 ADCCON1 寄存器触发。除非一个转换序列已经正在进行,转换立即开始。

6.3　项目实施

6.3.1　任务 1：片上温度 A/D 转换控制

1. 项目环境

（1）硬件：ZigBee(CC2530)模块、ZigBee 下载调试板、USB 仿真器和 PC。

（2）软件：IAR Embedded Workbench for MCS-51。

2. 项目原理

1）硬件接口原理

ZigBee(CC2530)模块 LED 硬件接口如图 6.1 所示。

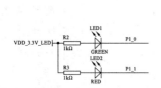
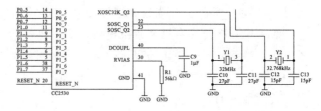

图 6.1　LED 硬件接口

ZigBee(CC2530)模块硬件上设计有两个 LED 灯,用来编程调试使用。分别连接 CC2530 的 P1_0、P1_1 两个 I/O 引脚。从原理图上可以看出,两个 LED 灯共阳极,当

P1_0、P1_1 引脚为低电平时，LED 灯点亮。

2）CC2530 相关寄存器

P1 寄存器的相关信息如表 6.6 所示，P1DIR 寄存器的相关信息如表 6.7 所示。

表 6.6 P1 寄存器

位	名称	复位	R/W	描述
7：0	P1_[7：0]	0XFF	R/W	端口 1 是通用 I/O 端口。位寻址从 SFR 开始。CPU 内部寄存器是可读的，但是不可写，从 XDATA(0x7090)开始

表 6.7 寄存器 P1DIR

位	名称	复位	R/W	描述
7：0	DIRP1_[7：0]	0X00	R/W	P1_7～P1_0 的 I/O 方向 0：输入 1：输出

表 6.6 和表 6.7 中列出了关于 CC2530 处理器的 P1 I/O 相关寄存器，其中只用到了 P1 和 P1DIR 两个寄存器的设置，P1 寄存器为可读写的数据寄存器，P1DIR 为 I/O 输入输出选择寄存器，其他 I/O 寄存器的功能使用默认配置。

CLKCONCMD 和 CLKCONSTA 寄存器的相关信息如表 6.8 和表 6.9 所示。

表 6.8 CLKCONCMD 时钟控制寄存器

位	名称	复位	R/W	描述
7	OSC32K	1	W	32kHz 时钟源选择 0：32kHz 晶振 1：32kHz RC 振荡
6	OSC	1	W	主时钟源选择 0：32MHz 晶振 1：16MHz RC 振荡
5：3	TICKSPD[2：0]	001	W	定时器计数时钟分频（该时钟频不大于 OSC 决定频率） 000：32MHz 001：16MHz 010：8MHz 011：4MHz 100：2MHz 101：1MHz 110：0.5MHz 111：0.25MHz

续表

位	名称	复位	R/W	描　述
2：0	CLKSPD	001	W	时钟速率,不能高于系统时钟 000：32MHz 001：16MHz 010：8MHz 011：4MHz 100：2MHz 101：1MHz 110：500kHz 111：250kHz

表 6.9　CLKCONSTA 时钟状态寄存器

位	名称	复位	R/W	描　述
7	OSC32K	1	R	32kHz 时钟源选择 0：32kHz 晶振 1：32kHz RC 振荡
6	OSC	1	R	主时钟源选择 0：32MHz 晶振 1：16MHz RC 振荡
5：3	TICKSPD[2：0]	001	R	定时器计数时钟速率（该时钟频不大于 OSC 决定频率） 000：32MHz 001：16MHz 010：8MHz 011：4MHz 100：2MHz 101：1MHz 110：0.5MHz 111：0.25MHz
2：0	CLKSPD	001	R	时钟速率,不能高于系统时钟 000：32MHz 001：16MHz 010：8MHz 011：4MHz 100：2MHz 101：1MHz 110：500kHz 111：250kHz

　　SLEEPCMD 控制寄存器的相关信息如表 6.10 所示,PERCFG 寄存器的相关信息如表 6.11 所示。

表 6.10　SLEEPCMD 睡眠模式控制寄存器

位	名称	复位	R/W	描　述
7	—	0	R	预留
6	XOSC_STB	0	W	低速时钟状态 0：没有打开或者不稳定 1：打开且稳定
5	HFRC_STB	0	W	主时钟状态 0：没有打开或者不稳定 1：打开且稳定
4：3	RST[1：0]	xx	W	最后一次复位指示 00：上电复位 01：外部复位 10：看门狗复位
2	OSC_PD	0	W	节能控制，OSC 状态改变的时候硬件清 0 0：不关闭无用时钟 1：关闭无用时钟
1：0	MODE[1：0]	0	W	功能模式选择 00：PM0 01：PM1 10：PM2 11：PM3

表 6.11　PERCFG 外设控制寄存器

位	名称	复位	R/W	描　述
7	—	0	R	预留
6	T1CFG	0	R/W	T1 I/O 位置选择 0：位置 1 1：位置 2
5	T3CFG	0	R/W	T3 I/O 位置选择 0：位置 1 1：位置 2
4	T4CFG	0	R/W	T4 I/O 位置选择 0：位置 1 1：位置 2
3：2	—	00	RO	预留
1	U1CFG	0	R/W	串口 1 位置选择 0：位置 1 1：位置 2
0	U0CFG	0	R/W	串口 0 位置选择 0：位置 1 1：位置 2

U0CSR 寄存器的相关信息如表 6.12 所示，U0GCR 寄存器的相关信息如表 6.13 所示，U0BUF 寄存器的相关信息如表 6.14 所示，U0BAUD 寄存器的相关信息如表 6.15 所示。

表 6.12　U0CSR（串口 0 控制和状态寄存器）

位	名称	复位	R/W	描　　述
7	MODE	0	R/W	串口模式选择 0：SPI 模式 1：UART 模式
6	RE	0	R/W	接收使能 0：关闭接收 1：允许接收
5	SLAVE	0	R/W	SPI 主从选择 0：SPI 主 1：SPI 从
4	FE	0	R/W	串口帧错误状态 0：没有帧错误 1：出现帧错误
3	ERR	0	R/W	串口校验结果 0：没有校验错误 1：字节校验出错
2	RX_BYTE	0	R/W	接收状态 0：没有接收到数据 1：接收到 1 字节数据
1	TX_BYTE	0	R/W	发送状态 0：没有发送 1：最后一次写入 U0BUF 的数据已经发送
0	ACTIVE	0	R	串口忙标志 0：串口闲 1：串口忙

表 6.13　U0GCR（串口 0 常规控制寄存器）

位	名称	复位	R/W	描　　述
7	CPOL	0	R/W	SPI 时钟极性 0：低电平空闲 1：高电平空闲
6	CPHA	0	R/W	SPI 时钟相位 0：由 CPOL 跳向非 CPOL 时采样，由非 CPOL 跳向 CPOL 时输出 1：由非 CPOL 跳向 CPOL 时采样，由 CPOL 跳向非 CPOL 时输出

位	名称	复位	R/W	描　述
5	ORDER	0	R/W	传输位序 0：低位在先 1：高位在先
4：0	BAUD_E[4：0]	0x00	R/W	波特率指数值，BAUD_M决定波特率

表 6.14　U0BUF(串口 0 收发缓冲器)

位	名称	复位	R/W	描　述
7：0	DATA[7：0]	0x00	R/W	UART0 收发寄存器

表 6.15　U0BAUD(串口 0 波特率控制器)

位	名称	复位	R/W	描　述
7：0	BAUD_M[7：0]	0x00	R/W	波特率尾数，与 BAUD_E 决定波特率

ADCCON1 寄存器的相关信息如表 6.16 所示，ADCCON3 寄存器的相关信息如表 6.17 所示。

表 6.16　ADCCON1 ADC 控制寄存器 1

位	名称	复位	R/W	描　述
7	EOC	0	R/H0	转换结束。当 ADCH 被读取时清除。如果已读取前一数据之前，完成一个新的转换，EOC 位仍然为高 0：转换没有完成 1：转换完成
6	ST	0		开始转换。读为1，直到转换完成 0：没有转换正在运行 1：如果 ADCCON1.STSEL＝11 并且没有序列正在运行就启动一个转换序列
5：4	STSEL[1：0]	11	R/W1	启动选择。选择该事件，将启动一个新的转换序列 00：P2.0 引脚的外部触发 01：全速。不等待触发器 10：定时器 1 通道 0 比较事件 11：ADCCON1.ST＝1
3：2	RCTRL[1：0]	00	R/W	控制 16 位随机数发生器。写 01 时，操作完成时设置将自动返回到 00 00：正常运行(13X 型展开) 01：LFSR 的时钟一次(没有展开) 10：保留 11：停止。关闭随机数发生器
1：0	—	11	R/W	保留。一直设为 11

表 6.17　ADCCON3 ADC 控制寄存器 3

位	名称	复位	R/W	描　述
7：6	EREF[1：0]	00	R/W	选择用于额外转换的参考电压 00：内部参考电压 01：AIN7 引脚上的外部参考电压 10：AVDD5 引脚 11：在 AIN6-AIN7 差分输入的外部参考电压
5：4	EDIV[1：0]	00	R/W	设置用于额外转换的抽取率。抽取率也决定了完成转换需要的时间和分辨率 00：64 抽取率(7 位 ENOB) 01：128 抽取率(9 位 ENOB) 10：256 抽取率(10 位 ENOB) 11：512 抽取率(12 位 ENOB)
3：0	EDIV[1：0]	0000	R/W	单个通道选择。选择写 ADCCON3 触发的单个转换所在的通道号码。当单个转换完成,该位自动清除 0000：AIN0 0001：AIN1 0010：AIN2 0011：AIN3 0100：AIN4 0101：AIN5 0110：AIN6 0111：AIN7 1000：AIN0-AIN1 1001：AIN2-AIN3 1010：AIN4-AIN5 1011：AIN6-AIN7 1100：GND 1101：正电压参考 1110：温度传感器 1111：VDD/3

　　表 6.8～表 6.17 中列举了和 CC2530 处理器、内部温度传感器操作相关的寄存器,其中包括：CLKCONCMD 和 CLKCONSTA 控制寄存器,用来控制系统时钟源和状态;SLEEPCMD 和 SLEEPSTA 寄存器,用来控制各种时钟源的开关和状态;PERCFG 寄存器为外设功能控制寄存器,用来控制外设功能模式;U0CSR、U0GCR、U0BUF、U0BAUD 等为串口相关寄存器;ADCCON1 和 ADCCON3 分别为 A/D 转换控制器和 A/D 转换设置寄存器。

3. 软件设计

```
#include <iocc2530.h>
#include <stdio.h>
#include "./uart/hal_uart.h"
#define uchar unsigned char
#define uint unsigned int
#define uint8 uchar
#define uint16 uint
#define TRUE 1
#define FALSE 0
//定义控制 LED 灯的端口
#define LED1 P1_0                          //定义 LED1 为 P10 端口控制
#define LED2 P1_1                          //定义 LED2 为 P11 端口控制
//#define HAL_MCU_CC2530 1
// 从 ha1_adc.c 文件定义 CC2530 ADC
#define HAL_ADC_REF_125V   0x00           /* 内容参考 1.25V */
#define HAL_ADC_DEC_064    0x00           /* 抽取 64:8bit 分辨率 */
#define HAL_ADC_DEC_128    0x10           /* 抽取 128:10bit 分辨率 */
#define HAL_ADC_DEC_512    0x30           /* 抽取 512:14bit 分辨率 */
#define HAL_ADC_CHN_VDD3   0x0f           /* 输入通道: VDD3 */
#define HAL_ADC_CHN_TEMP   0x0e           /* 温度传感器 */
/*****************************
//延时函数
***************************** /
void Delay(uint n)
{
    uint i,t;
        for(i = 0;i<5;i++)
    for(t = 0;t<n;t++);
}
void InitLed(void)
{
    P1DIR | = 0x03;                        //P1_0、P1_1 定义为输出
    LED1 = 1;                              //LED1 灯熄灭
    LED2 = 1;                              //LED2 灯熄灭
}
/ ***************************************************************
 * @fn    readTemp
 * @brief    read temperature from ADC
 * @param    none
 * @return    temperature
 */
static char readTemp(void)
{
```

```
        static uint16 voltageAtTemp22;
        static uint8 bCalibrate = TRUE;                    // 读取第一次温度传感器的值
        uint16 value;
        char temp;
        ATEST = 0x01;
        TR0 |= 0x01;
        ADCIF = 0;                                         //清 ADC 中断标志
        ADCCON3 = (HAL_ADC_REF_125V | HAL_ADC_DEC_512 | HAL_ADC_CHN_TEMP);
        while ( !ADCIF );                                  //等待转换完成
        value = ADCL;                                      //获取结果
        value |= ((uint16) ADCH) << 8;
        value >>= 4;                                       //利用 ADC 的 12MSB 值
        / *
          * These parameters are typical values and need to be calibrated
          * See the datasheet for the appropriate chip for more details
          * also, the math below may not be very accurate
          * /
        / * Assume ADC = 1480 at 25C and ADC = 4/C * /
        # define VOLTAGE_AT_TEMP_25 1480
        # define TEMP_COEFFICIENT 4
        //读取第一次温度传感器的值为 22℃
        //这一次假设演示启动温度为 22℃
        if(bCalibrate)
        {
          voltageAtTemp22 = value;
          bCalibrate = FALSE;
        }
        temp = 22 + ( (value - voltageAtTemp22) / TEMP_COEFFICIENT );
        //设置最低温度为 0℃,最高温度为 100℃
        if( temp >= 100) return 100;
        else if(temp <= 0) return 0;
        else return temp;
    }
    / ********************************************************************
    * @fn readVoltage
    * @brief read voltage from ADC
    * @param none
    * @return voltage
    * /
    / *
    static uint8 readVoltage(void)
    {
        uint16 value;
        ADCIF = 0;                                         // 清 ADC 中断标志
        ADCCON3 = (HAL_ADC_REF_125V | HAL_ADC_DEC_128 | HAL_ADC_CHN_VDD3);
```

```
        while ( !ADCIF );                          //等待转换完成
        value = ADCL;                              //获取结果
        value |= ((uint16) ADCH) << 8;
        //现在的值中包含 VDD3 的测量值
        // 0 显示 0V,32767 显示 1.25V
        value = value >> 6;
        value = (uint16)(value * 37.5);
        value = value >> 9;
        return value;
    }
 */
void main(void)
{
    char temp_buf[20];                             //, vol_buf[20];
    uint8 temp;                                    //, vol;
    InitUart();                                    //波特率为 57600bps
    InitLed();
    LED1 = 0;
    while(1)
    {
        LED2 = !LED2;                              //LED2 闪烁表示程序运行正常
        temp = readTemp();                         //读取温度值
        //vol = readVoltage();
        sprintf(temp_buf, (char * )"temperature: % d\r\n", temp);
        //sprintf(vol_buf, (char * )"vol: % d\r\n", vol);
        prints(temp_buf);
        //prints(vol_buf);
        Delay(50000); Delay(50000); Delay(50000);
    }
}
```

　　程序通过配置 CC2530 处理器的 A/D 控制器来将片内温度传感器转化,并在串口将温度值输出。

4. 实施步骤

　　(1) 使用 ZigBee Debuger USB 仿真器连接 PC 和 ZigBee(CC2530)模块,打开 ZigBee 模块开关供电。将系统配套串口线一端连接 PC,另一端连接在 ZigBee 调试板的串口上。

　　(2) 启动 IAR 开发环境,新建工程。

　　(3) 在 IAR 开发环境中编译、运行、调试程序。

　　(4) 使用 PC 自带的超级终端连接串口,将超级终端设置为串口波特率 57600bps、8 位、无奇偶校验、无硬件流模式,即可在终端收到模块传递过来的温度值,如图 6.2 所示。

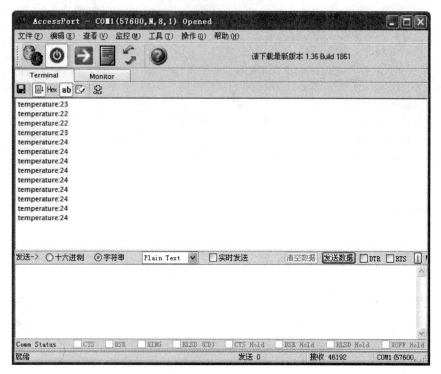

图 6.2　串口输出显示

6.3.2　任务2：模拟电压A/D转换控制

1. 项目环境

（1）硬件：ZigBee(CC2530)模块、ZigBee下载调试板、USB仿真器和PC。

（2）软件：IAR Embedded Workbench for MCS-51。

2. 项目原理

1）硬件接口原理

ZigBee(CC2530)模块LED硬件接口如图6.3所示。

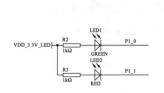
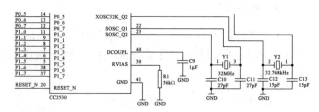

图 6.3　LED硬件接口

ZigBee(CC2530)模块硬件上设计有两个LED灯，用来编程调试使用。分别连接CC2530的P1_0、P1_1两个I/O引脚。从原理图上可以看出，两个LED灯共阳极，当

P1_0、P1_1 引脚为低电平时,LED 灯点亮。

2) CC2530 相关寄存器

P1 寄存器的相关信息如表 6.18 所示,P1DIR 寄存器的相关信息如表 6.19 所示。

表 6.18　P1 寄存器

位	名称	复位	R/W	描　述
7：0	P1[7：0]	0xFF	R/W	端口 1 是通用 I/O 端口。位寻址从 SFR 开始。CPU 内部寄存器是可读的,但是不可写,从 XDATA(0x7090)开始

表 6.19　寄存器 P1DIR

位	名称	复位	R/W	描　述
7：0	DIRP1-[7：0]	0x00	R/W	P1_7 到 P1_0 的 I/O 方向 0：输入 1：输出

表 6.18 和表 6.19 中列出了关于 CC2530 处理器的 P1 I/O 相关寄存器,其中只用到了 P1 和 P1DIR 两个寄存器的设置,P1 寄存器为可读写的数据寄存器,P1DIR 为 I/O 选择寄存器,其他 I/O 寄存器的功能使用默认配置。

CLKCONCMD 和 CLKCONSTA 寄存器的相关信息如表 6.20 和表 6.21 所示。

表 6.20　CLKCONCMD 时钟控制寄存器

位	名称	复位	R/W	描　述
7	OSC32K	1	W	32kHz 时钟源选择 0：32kHz 晶振 1：32kHz RC 振荡
6	OSC	1	W	主时钟源选择 0：32MHz 晶振 1：16MHz RC 振荡
5：3	TICKSPD[2：0]	001	W	定时器计数时钟分频(该时钟频不大于 OSC 决定频率) 000：32MHz 001：16MHz 010：8MHz 011：4MHz 100：2MHz 101：1MHz 110：0.5MHz 111：0.25MHz

续表

位	名称	复位	R/W	描　述
2：0	CLKSPD	001	W	时钟速率,不能高于系统时钟 000：32MHz 001：16MHz 010：8MHz 011：4MHz 100：2MHz 101：1MHz 110：500kHz 111：250kHz

表 6.21　CLKCONSTA 时钟状态寄存器

位	名称	复位	R/W	描　述
7	OSC32K	1	R	32kHz 时钟源选择 0：32kHz 晶振 1：32kHz RC 振荡
6	OSC	1	R	主时钟源选择 0：32MHz 晶振 1：16MHz RC 振荡
5：3	TICKSPD[2：0]	001	R	定时器计数时钟分频(该时钟频不大于 OSC 决定频率) 000：32MHz 001：16MHz 010：8MHz 011：4MHz 100：2MHz 101：1MHz 110：0.5MHz 111：0.25MHz
2：0	CLKSPD	001	R	时钟速率,不能高于系统时钟 000：32MHz 001：16MHz 010：8MHz 011：4MHz 100：2MHz 101：1MHz 110：500kHz 111：250kHz

SLEEPCMD 控制寄存器的相关信息如表 6.22 所示，PERCFG 寄存器的相关信息如表 6.23 所示。

表 6.22　SLEEPCMD 睡眠模式控制寄存器

位	名称	复位	R/W	描　　述
7	—	0	R	预留
6	XOSC_STB	0	W	低速时钟状态 0：没有打开或者不稳定 1：打开且稳定
5	HFRC_STB	0	W	主时钟状态 0：没有打开或者不稳定 1：打开且稳定
4：3	RST[1：0]	xx	W	最后一次复位指示 00：上电复位 01：外部复位 10：看门狗复位
2	OSC_PD	0	W	节能控制，OSC 状态改变的时候硬件清 0 0：不关闭无用时钟 1：关闭无用时钟
1：0	MODE[1：0]	0	W	功能模式选择 00：PM0 01：PM1 10：PM2 11：PM3

表 6.23　PERCFG 外设控制寄存器

位	名称	复位	R/W	描　　述
7	—	0	R	预留
6	T1CFG	0	R/W	T1 I/O 位置选择 0：位置 1 1：位置 2
5	T3CFG	0	R/W	T3 I/O 位置选择 0：位置 1 1：位置 2
4	T4CFG	0	R/W	T4 I/O 位置选择 0：位置 1 1：位置 2
3：2	—	00	RO	预留
1	U1CFG	0	R/W	串口 1 位置选择 0：位置 1 1：位置 2

位	名称	复位	R/W	描　　述
0	U0CFG	0	R/W	串口 0 位置选择 0：位置 1 1：位置 2

　　U0CSR 寄存器的相关信息如表 6.24 所示，U0GCR 寄存器的相关信息如表 6.25 所示，U0BUF 寄存器的相关信息如表 6.26 所示，U0BAUD 寄存器的相关信息如表 6.27 所示。

表 6.24　U0CSR（串口 0 控制和状态寄存器）

位	名称	复位	R/W	描　　述
7	MODE	0	R/W	串口模式选择 0：SPI 模式 1：UART 模式
6	RE	0	R/W	接收使能 0：关闭接收 1：允许接收
5	SLAVE	0	R/W	SPI 主从选择 0：SPI 主 1：SPI 从
4	FE	0	R/W	串口帧错误状态 0：没有帧错误 1：出现帧错误
3	ERR	0	R/W	串口校验结果 0：没有校验错误 1：字节校验出错
2	RX_BYTE	0	R/W	接收状态 0：没有接收到数据 1：接收到 1 字节数据
1	TX_BYTE	0	R/W	发送状态 0：没有发送 1：最后一次写入 U0BUF 的数据已经发送
0	ACTIVE	0	R	串口忙标志 0：串口闲 1：串口忙

表 6.25　U0GCR（串口 0 常规控制寄存器）

位	名称	复位	R/W	描　　述
7	CPOL	0	R/W	SPI 时钟极性 0：低电平空闲 1：高电平空闲

续表

位	名称	复位	R/W	描　述
6	CPHA	0	R/W	SPI 时钟相位 0：由 CPOL 跳向非 CPOL 时采样，由非 CPOL 跳向 CPOL 时输出 1：由非 CPOL 跳向 CPOL 时采样，由 CPOL 跳向非 CPOL 时输出
5	ORDER	0	R/W	传输位序 0：低位在先 1：高位在先
4：0	BAUD_E[4：0]	0x00	R/W	波特率指数值，BAUD_M 决定波特率

表 6.26　U0BUF（串口 0 收发缓冲器）

位	名称	复位	R/W	描　述
7：0	DATA[7：0]	0x00	R/W	UART0 收发寄存器

表 6.27　U0BAUD（串口 0 波特率控制器）

位	名称	复位	R/W	描　述
7：0	BAUD_M[7：0]	0x00	R/W	波特率尾数，与 BAUD_E 决定波特率

ADCCON1 寄存器的相关信息如表 6.28 所示，ADCCON3 寄存器的相关信息如表 6.29 所示。

表 6.28　ADCCON1 ADC 控制寄存器 1

位	名称	复位	R/W	描　述
7	EOC	0	R/H0	转换结束。当 ADCH 被读取的时候清除。如果已读取前一数据之前，完成一个新的转换，EOC 位仍然为高 0：转换没有完成 1：转换完成
6	ST	0		开始转换。读为 1，直到转换完成 0：没有转换正在运行 1：如果 ADCCON1. STSEL＝11 并且没有序列正在运行就启动一个转换序列
5：4	STSEL[1：0]	11	R/W1	启动选择。选择该事件，将启动一个新的转换序列 00：P2.0 引脚的外部触发 01：全速。不等待触发器 10：定时器 1 通道 0 比较事件 11：ADCCON1. ST＝1

续表

位	名称	复位	R/W	描　　述
3：2	RCTRL[1：0]	00	R/W	控制 16 位随机数发生器。当写 01 时，操作完成设置将自动返回到 00 00：正常运行（13X 型展开） 01：LFSR 的时钟一次（没有展开） 10：保留 11：停止。关闭随机数发生器
1：0	—	11	R/W	保留。一直设为 11

表 6.29　ADCCON3 ADC 控制寄存器 3

位	名称	复位	R/W	描　　述
7：6	EREF[1：0]	00	R/W	选择用于额外转换的参考电压 00：内部参考电压 01：AIN7 引脚上的外部参考电压 10：AVDD5 引脚 11：在 AIN6-AIN7 差分输入的外部参考电压
5：4	EDIV[1：0]	00	R/W	设置用于额外转换的抽取率。抽取率也决定了完成转换需要的时间和分辨率 00：64 抽取率（7 位 ENOB） 01：128 抽取率（9 位 ENOB） 10：256 抽取率（10 位 ENOB） 11：512 抽取率（12 位 ENOB）
3：0	EDIV[1：0]	0000	R/W	单个通道选择。选择写 ADCCON3 触发的单个转换所在的通道号码。当单个转换完成，该位自动清除 0000：AIN0 0001：AIN1 0010：AIN2 0011：AIN3 0100：AIN4 0101：AIN5 0110：AIN6 0111：AIN7 1000：AIN0-AIN1 1001：AIN2-AIN3 1010：AIN4-AIN5 1011：AIN6-AIN7 1100：GND 1101：正电压参考 1110：温度传感器 1111：VDD/3

表 6.20～表 6.29 中列举了和 CC2530 处理器 A/D 转换操作相关的寄存器,其中包括: CLKCONCMD 和 CLKCONSTA 控制寄存器,用来控制系统时钟源和状态; SLEEPCMD 和 SLEEPSTA 寄存器,用来控制各种时钟源的开关和状态; PERCFG 寄存器为外设功能控制寄存器,用来控制外设功能模式; U0CSR、U0GCR、U0BUF、U0BAUD 等为串口相关寄存器; ADCCON1 和 ADCCON3 分别为 A/D 转换控制器和 A/D 转换设置寄存器。

3. 软件设计

```
# include "ioCC2530.h"
# include "./uart/hal_uart.h"
# define uint unsigned int
# define ConversionNum 20
//定义控制灯的端口
# define led1 P1_0
# define led2 P1_1
void Delay(uint);
void InitialAD(void);
char adcdata[] = " 0.0V ";
/ ***************************
//延时函数
*************************** /
void Delay(uint n)
{
    uint i,t;
    for(i = 0;i < 5;i++)
    for(t = 0;t < n;t++);
}
/ *****************************************************
* 函数功能 : 初始化 ADC                       *
* 入口参数 : 无                               *
* 返 回 值 : 无                               *
* 说 明 : 参考电压 AVDD,转换对象是 AVDD         *
***************************************************** /
void InitialAD(void)
{
P1DIR = 0x03;                          //P1 控制 LED1
LED1 = 1;
    LED2 = 1;                          //关 LED2
    ADCCON1 &= ~0X80;                  //清 EOC 标志
    ADCCON3 = 0xbf; //单次转换,参考电压为电源电压,对 1/3 AVDD 进行 A/D 转换 12 位分辨率
    ADCCON1 = 0X30;                    //停止 A/D
    ADCCON1 | = 0X40;                  //启动 A/D
}
/ *****************************************************
* 函数功能 : 主函数                           *
```

```
* 入口参数 : 无                                    *
* 返 回 值 : 无                                    *
* 说  明 : 无                                    *
********************************************************************** /
void main(void)
{
    char temp[2];
    float num;
    InitUart();                                  // 波特率为57600bps
    InitialAD();                                 // 初始化 ADC
    led1 = 1;
    while(1)
    {
        if(ADCCON1 > = 0x80)
        {
            led1 = 1;                            //转换完成指示
            temp[1] = ADCL;
            temp[0] = ADCH;
            ADCCON1 | = 0x40;                    //开始下一转换
            temp[1] = temp[1]>> 2;               //数据处理
            temp[1] | = temp[0]<< 6;
            temp[0] = temp[0]>> 2;
            temp[0] & = 0x3f;
            num = (temp[0] * 256 + temp[1]) * 3.3/4096; //12 位, 取 2^12;
            num = num/2 + 0.05;                  //四舍五入处理
            //定参考电压为 3.3V,12 位精确度
            adcdata[1] = (char)(num) % 10 + 48;
            adcdata[3] = (char)(num * 10) % 10 + 48;
            prints(adcdata);                     //将模拟电压值发送到串口
            Delay(30000);
            led1 = 0;                            //完成数据处理
            Delay(30000);
        }
    }
}
```

程序通过配置 CC2530 处理器的 1/3 模拟电压作为 A/D 转换的输入源，并将转换后的结果在串口输出。

4. 实施步骤

（1）使用 ZigBee Debuger USB 仿真器连接 PC 和 ZigBee（CC2530）模块，打开 ZigBee 模块开关供电。将系统配套串口线一端连接 PC，另一端连接 ZigBee 调试板的串口上。

（2）启动 IAR 开发环境，新建工程。

（3）在 IAR 开发环境中编译、运行、调试程序。

（4）使用 PC 自带的超级终端连接串口,将超级终端设置为串口波特率57600bps、8 位、无奇偶奇校验、无硬件流模式,即可在终端收到模块传递过来的模拟电压经过 A/D 转换后的数值。

6.3.3　任务 3：电源电压 A/D 转换控制

1. 项目环境

（1）硬件：ZigBee(CC2530)模块、ZigBee 下载调试板、USB 仿真器和 PC。

（2）软件：IAR Embedded Workbench for MCS-51。

2. 项目原理

1）硬件接口原理

ZigBee(CC2530)模块 LED 硬件接口如图 6.4 所示。

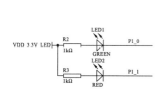
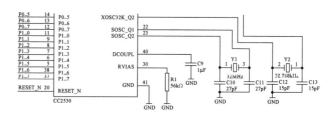

图 6.4　LED 硬件接口

ZigBee(CC2530)模块硬件上设计有两个 LED 灯,用来编程调试使用。分别连接CC2530 的 P1_0、P1_1 两个 I/O 引脚。从原理图上可以看出,两个 LED 灯共阳极,当P1_0、P1_1 引脚为低电平时,LED 灯点亮。

2）CC2530 相关寄存器

P1 寄存器的相关信息如表 6.30 所示,P1DIR 寄存器的相关信息如表 6.31 所示。

表 6.30　P1 寄存器

位	名称	复位	R/W	描　　述
7：0	P1_[7：0]	0xFF	R/W	端口 1 是通用 I/O 端口。位寻址从 SFR 开始。CPU 内部寄存器是可读的,但是不可写,从 XDATA(0x7090)开始

表 6.31　寄存器 P1DIR

位	名称	复位	R/W	描　　述
7：0	DIRP1_[7：0]	0x00	R/W	P1_7～P1_0 的 I/O 方向 0：输入 1：输出

表 6.30 和表 6.31 中列出了关于 CC2530 处理器的 P1 I/O 相关寄存器，其中只用到了 P1 和 P1DIR 两个寄存器的设置，P1 寄存器为可读写的数据寄存器，P1DIR 为 I/O 选择寄存器，其他 I/O 寄存器的功能使用默认配置。

CLKCONCMD 和 CLKCONSTA 寄存器的相关信息如表 6.32 和表 6.33 所示。

表 6.32　CLKCONCMD 时钟控制寄存器

位	名称	复位	R/W	描　述
7	OSC32K	1	W	32kHz 时钟源选择 0：32kHz 晶振 1：32kHz RC 振荡
6	OSC	1	W	主时钟源选择 0：32MHz 晶振 1：16MHz RC 振荡
5：3	TICKSPD[2：0]	001	W	定时器计数时钟速率（该时钟频不大于 OSC 决定频率） 000：32MHz 001：16MHz 010：8MHz 011：4MHz 100：2MHz 101：1MHz 110：0.5MHz 111：0.25MHz
2：0	CLKSPD	001	W	时钟速率，不能高于系统时钟 000：32MHz 001：16MHz 010：8MHz 011：4MHz 100：2MHz 101：1MHz 110：500kHz 111：250kHz

表 6.33　CLKCONSTA 时钟状态寄存器

位	名称	复位	R/W	描　述
7	OSC32K	1	R	32kHz 时钟源选择 0：32kHz 晶振 1：32kHz RC 振荡
6	OSC	1	R	主时钟源选择 0：32MHz 晶振 1：16MHz RC 振荡

续表

位	名称	复位	R/W	描 述
5∶3	TICKSPD[2∶0]	001	R	定时器计数时钟分频(该时钟频不大于 OSC 决定频率) 000：32MHz 001：16MHz 010：8MHz 011：4MHz 100：2MHz 101：1MHz 110：0.5MHz 111：0.25MHz
2∶0	CLKSPD	001	R	时钟速率,不能高于系统时钟 000：32MHz 001：16MHz 010：8MHz 011：4MHz 100：2MHz 101：1MHz 110：500kHz 111：250kHz

　　SLEEPCMD 控制寄存器的相关信息如表 6.34 所示,PERCFG 寄存器的相关信息如表 6.35 所示。

表 6.34　SLEEPCMD 睡眠模式控制寄存器

位	名称	复位	R/W	描 述
7	—	0	R	预留
6	XOSC_STB	0	W	低速时钟状态 0：没有打开或者不稳定 1：打开且稳定
5	HFRC_STB	0	W	主时钟状态 0：没有打开或者不稳定 1：打开且稳定
4∶3	RST[1∶0]	xx	W	最后一次复位指示 00：上电复位 01：外部复位 10：看门狗复位
2	OSC_PD	0	W	节能控制,OSC 状态改变的时候硬件清 0 0：不关闭无用时钟 1：关闭无用时钟

位	名称	复位	R/W	描　　述
1：0	MODE[1：0]	0	W	功能模式选择 00：PM0 01：PM1 10：PM2 11：PM3

表 6.35　PERCFG 外设控制寄存器

位	名称	复位	R/W	描　　述
7	—	0	R	预留
6	T1CFG	0	R/W	T1 I/O 位置选择 0：位置1 1：位置2
5	T3CFG	0	R/W	T3 I/O 位置选择 0：位置1 1：位置2
4	T4CFG	0	R/W	T4 I/O 位置选择 0：位置1 1：位置2
3：2	—	00	RO	预留
1	U1CFG	0	R/W	串口1位置选择 0：位置1 1：位置2
0	U0CFG	0	R/W	串口0位置选择 0：位置1 1：位置2

U0CSR 寄存器的相关信息如表 6.36 所示，U0GCR 寄存器的相关信息如表 6.37 所示，U0BUF 寄存器的相关信息如表 6.38 所示，U0BAUD 寄存器的相关信息如表 6.39 所示。

表 6.36　U0CSR（串口 0 控制和状态寄存器）

位	名称	复位	R/W	描　　述
7	MODE	0	R/W	串口模式选择 0：SPI 模式 1：UART 模式
6	RE	0	R/W	接收使能 0：关闭接收 1：允许接收

续表

位	名称	复位	R/W	描 述
5	SLAVE	0	R/W	SPI 主从选择 0：SPI 主 1：SPI 从
4	FE	0	R/W	串口帧错误状态 0：没有帧错误 1：出现帧错误
3	ERR	0	R/W	串口校验结果 0：没有校验错误 1：字节校验出错
2	RX_BYTE	0	R/W	接收状态 0：没有接收到数据 1：接收到 1 字节数据
1	TX_BYTE	0	R/W	发送状态 0：没有发送 1：最后一次写入 U0BUF 的数据已经发送
0	ACTIVE	0	R	串口忙标志 0：串口闲 1：串口忙

表 6.37　U0GCR(串口 0 常规控制寄存器)

位	名称	复位	R/W	描 述
7	CPOL	0	R/W	SPI 时钟极性 0：低电平空闲 1：高电平空闲
6	CPHA	0	R/W	SPI 时钟相位 0：由 CPOL 跳向非 CPOL 时采样，由非 CPOL 跳向 CPOL 时输出 1：由非 CPOL 跳向 CPOL 时采样，由 CPOL 跳向非 CPOL 时输出
5	ORDER	0	R/W	传输位序 0：低位在先 1：高位在先
4：0	BAUD_E[4：0]	0x00	R/W	波特率指数值,BAUD_M 决定波特率

表 6.38　U0BUF(串口 0 收发缓冲器)

位	名称	复位	R/W	描 述
7：0	DATA[7：0]	0x00	R/W	UART0 收发寄存器

表 6.39 U0BAUD（串口 0 波特率控制器）

位	名称	复位	R/W	描 述
7：0	BAUD_M[7：0]	0x00	R/W	波特率尾数，与 BAUD_E 决定波特率

ADCCON1 寄存器的相关信息如表 6.40 所示，ADCCON3 寄存器的相关信息如表 6.41 所示。

表 6.40 ADCCON1 ADC 控制寄存器 1

位	名称	复位	R/W	描 述
7	EOC	0	R/H0	转换结束。当 ADCH 被读取的时候清除。如果已读取前一数据之前，完成一个新的转换，EOC 位仍然为高 0：转换没有完成 1：转换完成
6	ST	0		开始转换。读为 1，直到转换完成 0：没有转换正在运行 1：如果 ADCCON1.STSEL＝11 并且没有序列正在运行就启动一个转换序列
5：4	STSEL[1：0]	11	R/W1	启动选择。选择该事件，将启动一个新的转换序列 00：P2.0 引脚的外部触发 01：全速。不等待触发器 10：定时器 1 通道 0 比较事件 11：ADCCON1.ST＝1
3：2	RCTRL[1：0]	00	R/W	控制 16 位随机数发生器。当写 01 时，操作完成设置将自动返回到 00 00：正常运行（13X 型展开） 01：LFSR 的时钟一次（没有展开） 10：保留 11：停止。关闭随机数发生器
1：0	—	11	R/W	保留。一直设为 11

表 6.41 ADCCON3 ADC 控制寄存器 3

位	名称	复位	R/W	描 述
7：6	EREF[1：0]	00	R/W	选择用于额外转换的参考电压 00：内部参考电压 01：AIN7 引脚上的外部参考电压 10：AVDD5 引脚 11：在 AIN6-AIN7 差分输入的外部参考电压

位	名称	复位	R/W	描　　述
5：4	EDIV[1：0]	00	R/W	设置用于额外转换的抽取率。抽取率也决定了完成转换需要的时间和分辨率 00：64 抽取率(7 位 ENOB) 01：128 抽取率(9 位 ENOB) 10：256 抽取率(10 位 ENOB) 11：512 抽取率(12 位 ENOB)
3：0	EDIV[1：0]	0000	R/W	单个通道选择。选择写 ADCCON3 触发的单个转换所在的通道号码。当单个转换完成，该位自动清除 0000：AIN0 0001：AIN1 0010：AIN2 0011：AIN3 0100：AIN4 0101：AIN5 0110：AIN6 0111：AIN7 1000：AIN0-AIN1 1001：AIN2-AIN3 1010：AIN4-AIN5 1011：AIN6-AIN7 1100：GND 1101：正电压参考 1110：温度传感器 1111：VDD/3

表 6.32～表 6.41 中列举了和 CC2530 处理器 A/D 转换操作相关的寄存器，其中包括：CLKCONCMD 和 CLKCONSTA 控制寄存器，用来控制系统时钟源和状态；SLEEPCMD 和 SLEEPSTA 寄存器，用来控制各种时钟源的开关和状态；PERCFG 寄存器为外设功能控制寄存器，用来控制外设功能模式；U0CSR、U0GCR、U0BUF、U0BAUD 等为串口相关寄存器；ADCCON1 和 ADCCON3 分别为 A/D 转换控制器和 A/D 转换设置寄存器。

3. 软件设计

```
# include "ioCC2530.h"
# include "./uart/hal_uart.h"
# define uint unsigned int
# define ConversionNum 20
//定义控制灯的端口
# define led1 P1_0
```

```
#define led2 P1_1
void Delay(uint);
void InitialAD(void);
char adcdata[] = " 0.0V ";
/*****************************
//延时函数
*****************************/
void Delay(uint n)
{
    uint i,t;
    for(i = 0;i < 5;i++)
    for(t = 0;t < n;t++);
}
/*********************************************************
* 函数功能：初始化 ADC                    *
* 入口参数：无                            *
* 返 回 值：无                            *
* 说 明：参考电压 AVDD,转换对象是 AVDD      *
*********************************************************/
void InitialAD(void)
{
    P1DIR = 0x03;                //P1 控制 LED
    led1 = 1;
    led2 = 1;                    //关 LED
    ADCCON1 &= ~0X80;            //清 EOC 标志
    ADCCON3 = 0xbd;              //单次转换,参考电压为电源电压,AVDD 进行 A/D 转换
                                 //12 位分辨率
    ADCCON1 = 0X30;              //停止 A/D
    ADCCON1 |= 0X40;             //启动 A/D
}
/*********************************************************
* 函数功能：主函数            *
* 入口参数：无                *
* 返 回 值：无                *
* 说 明：无                   *
*********************************************************/
void main(void)
{
    char temp[2];
    float num;
    InitUart();                 // 波特率为 57600bps
    InitialAD();                // 初始化 ADC
    led1 = 1;
    while(1)
    {
        if(ADCCON1 >= 0x80)
        {
            led1 = 1;           //转换完毕指示
```

```
                temp[1] = ADCL;
                temp[0] = ADCH;
                ADCCON1 |= 0x40;              //开始下一转换
                temp[1] = temp[1]>> 2;        //数据处理
                temp[1] |= temp[0]<< 6;
                temp[0] = temp[0]>> 2;
                temp[0] &= 0x3f;
                num = (temp[0] * 256 + temp[1]) * 3.3/2048;
                num += 0.05;                  //四舍五入处理
                //定参考电压为 3.3V.12 位精确度
                adcdata[1] = (char)(num) % 10 + 48;
                adcdata[3] = (char)(num * 10) % 10 + 48;
                prints(adcdata);              //将电源电压值发送到串口
                Delay(30000);
                led1 = 0;                     //完成数据处理
                Delay(30000);
            }
        }
    }
```

　　程序通过配置 CC2530 处理器的电源电压作为 A/D 转换的输入源,并将转换后的结果在串口输出。

4. 实施步骤

　　(1) 使用 ZigBee Debuger USB 仿真器连接 PC 和 ZigBee(CC2530)模块,打开 ZigBee 模块开关供电。将系统配套串口线一端连接 PC,另一端连接在 ZigBee 调试板的串口上。

　　(2) 启动 IAR 开发环境,新建工程。

　　(3) 在 IAR 开发环境中编译、运行、调试程序。

　　(4) 使用 PC 自带的超级终端连接串口,将超级终端设置为串口波特率 57600bps、8 位、无奇偶奇校验、无硬件流模式,即可在终端收到模块传递过来的模拟电压经过 A/D 转换后的数值。

项目**7**

时钟和电源管理

7.1 项目任务和指标

本项目将完成时钟显示、系统休眠和低功耗的任务。

通过本项目的实施,读者应掌握 CC2530 的电源管理概念和原理,以及电源管理的控制方法,掌握 CC2530 振荡器和时钟的应用。

7.2 项目的预备知识

CC2530 的数字内核和外设由一个 1.8V 低差稳压器供电,CC2530 包括一个电源管理功能,可以实现使用非供电模式的低功耗运行模式,来延长电池的使用寿命。

7.2.1 CC2530 电源管理简介

CC2530 不同的运行模式或供电模式用于低功耗运行。超低功耗运行的实现通过关闭电源模块以避免损耗功耗,还通过使用特殊的门控制时钟和关闭振荡器来降低动态功耗。

CC2530 有 5 种不同的运行模式(供电模式),分别为主动模式、空闲模式、PM1、PM2 和 PM3。主动模式是一般模式,而 PM3 具有最低的功耗。不同的供电模式对系统运行的影响如表 7.1 所示,并给出了稳压器和振荡器选择。

表 7.1 供电模式

供电模式	高频振荡器	低频振荡器	稳压器(数字)
配置	A：32MHz 晶体振荡器 B：16MHz RC 振荡器	C：32kHz 晶体振荡器 D：32kHz RC 振荡器	
主动/空闲模式	A 或 B	C 或 D	ON
PM1	无	C 或 D	ON
PM2	无	C 或 D	OFF
PM3	无	无	OFF

(1) 主动模式：完全功能模式。稳压器的数字内核开启,16MHz RC 振荡器和 32MHz 晶体振荡器至少一个运行。32kHz RC 振荡器和 16MHz RC 振荡器也有一个正在运行。

(2) 空闲模式：除了 CPU 内核停止运行,其他和主动模式一样。

(3) PM1：稳压器的数字部分开启。32MHz 晶体振荡器和 16MHz RC 振荡器都不运行。32kHz RC 振荡器或 32kHz 晶体振荡器运行。复位、外部中断或睡眠定时器过期时系统将转到主动模式。

(4) PM2：稳压器的数字内核关闭。32MHz 晶体振荡器和 16MHz RC 振荡器都不运行。32kHz RC 振荡器或 32kHz 晶体振荡器运行。复位、外部中断或睡眠定时器到期时,系统将转到主动模式。

(5) PM3：稳压器的数字内核关闭。所有的振荡器都不运行。复位或外部中断时,系统将转到主动模式。

7.2.2 CC2530 电源管理控制

所需的供电模式通过使用寄存器 SLEEPCMD 的 MODE 位和 PCON.IDLE 位来选择。设置寄存器 PCON.IDLE 位,进入 SLEEPCMD.MODE 所选模式。

来自端口引脚或睡眠定时器的使能的中断,或上电复位将其从其他供电模式唤醒设备,使他回到主动模式。当进入 PM1、PM2 或 PM3,就运行一个掉电序列。当设备从 PM1、PM2 或 PM3 中出来,它在 16MHz 开始,如果当进入供电模式(设置 PCON.IDLE)且 CLKCONCMD.OSC=0 时,自动变为 32MHz。如果当进入供电模式设置了 PCON.IDLE 且 CLKCONCMD.OSC=1,它继续运行在 16MHz。

7.2.3 CC2530 振荡器和时钟

设备有一个内部系统时钟或主时钟。该系统时钟的源既可以用 16MHz RC 振荡器,也可以采用 32MHz 晶体振荡器。时钟的控制可以使用寄存器 CLKCONCMD 来完成。

设备还有一个 32kHz 时钟源,可以是 RC 振荡器或晶振,也由 CLKCONCMD 寄存器控制。CLKCONSTA 寄存器是一个只读寄存器，用于获得当前时钟状态。振荡器可以选择高精度的晶体振荡器，也可以选择低功耗的高频 RC 振荡器。

（1）设备有两个高频振荡器：32MHz 晶体振荡器，16MHz RC 振荡器。32MHz 晶体振荡器启动时间对一些应用程序来说时间比较长，因此设备可以运行在 16MHz RC 振荡器，直到晶振稳定。16MHz RC 振荡器功耗低于晶体振荡器，但是由于不像晶振那么准确，不能用于 RF 收发器操作。

（2）设备的两个低频振荡器为：32kHz 晶体振荡器，32kHz RC 振荡器。32kHz 晶体振荡器运行在 32.768kHz，用于为系统需要的时间精度提供一个稳定的时钟信号。校准时，32kHz RC 振荡器运行在 32.753kHz。32kHz RC 振荡器用于降低成本和电源消耗。这两个 32kHz 振荡器不能同时运行。

（3）数据保留。在供电模式 PM2 和 PM3 下，大部分内部电路中去除了电源。但是 SRAM 将保留它的部分内容，PM2 和 PM3 在内部寄存器的内容也保留。除非另又指定一个给定的寄存器位域，保留其内容的寄存器是 CPU 寄存器、外设寄存器和 RF 寄存器。转换到 PM2 或 PM3 低功耗模式对软件是透明的。

7.3　项目实施

7.3.1　任务 1：时钟显示

1. 项目环境

（1）硬件：ZigBee(CC2530)模块、ZigBee 下载调试板、USB 仿真器和 PC。

（2）软件：IAR Embedded Workbench for MCS-51。

2. 项目原理

1）硬件接口原理

ZigBee(CC2530)模块 LED 硬件接口如图 7.1 所示。

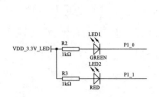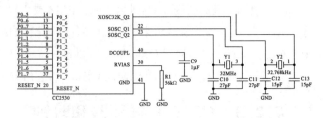

图 7.1　LED 硬件接口

ZigBee(CC2530)模块硬件上设计有两个 LED 灯，用来编程调试使用。分别连接 CC2530 的 P1_0、P1_1 两个 I/O 引脚。从原理图上可以看出，两个 LED 灯共阳极，当 P1_0、P1_1 引脚为低电平时，LED 灯点亮。

2) CC2530 IO 相关寄存器

P1 寄存器的相关信息如表 7.2 所示，P1DIR 寄存器的相关信息如表 7.3 所示。

表 7.2　P1 寄存器

位	名称	复位	R/W	描　述
7：0	P1[7：0]	0xFF	R/W	端口 1 是通用 I/O 端口。位寻址从 SFR 开始。CPU 内部寄存器是可读的，但是不可写，从 XDATA(0x7090)开始

表 7.3　寄存器 P1DIR

位	名称	复位	R/W	描　述
7：0	DIRP1-[7：0]	0x00	R/W	P1_7~P1_0 的 I/O 方向 0：输入 1：输出

表 7.2 和表 7.3 中列出了关于 CC2530 处理器的 P1 I/O 相关寄存器，其中只用到了 P1 和 P1DIR 两个寄存器的设置，P1 寄存器为可读写的数据寄存器，P1DIR 为 I/O 选择寄存器，其他 I/O 寄存器的功能使用默认配置。

T1CTL 寄存器的相关信息如表 7.4 所示，T1CCTL0 寄存器的相关信息如表 7.5 所示，T1CC0H 寄存器的相关信息如表 7.6 所示，T1CC0L 寄存器的相关信息如表 7.7 所示，IEN0 寄存器的相关信息如表 7.8 所示，IEN1 寄存器的相关信息如表 7.9 所示，IRCON 寄存器的相关信息如表 7.10 所示。

表 7.4　T1CTL——T1 的控制寄存器

位	名称	复位	R/W	描　述
7：4	—	000 0	RO	保留
3：2	DIV[1：0]	00	R/W	分频器划分值。产生主动的时钟边沿用于更新计数器 00：标记频率/1 01：标记频率/8 10：标记频率/32 11：标记频率/128
1：0	MODE[1：0]	00	R/W	选择定时器 1 模式。定时器操作模式通过下列方式选择 00：暂停运行 01：自由运行，从 0x0000 到 0xFFFF 反复计数 10：模，从 0x0000 到 T1CC0 反复计数 11：正计数/倒计数，从 0x0000 到 T1CC0 反复计数并且从 T1CC0 倒计数到 0x0000

表 7.5　T1CCTL0(T1 通道 0 捕获/比较控制寄存器)

位	名称	复位	R/W	描　述
7	CPSEL	0	R/W	T1 通道 0 捕捉设定 0：捕捉引脚输入 1：捕捉 RF 中断
6	IM	1	R/W	T1 通道 0 中断掩码 0：关中断 1：开中断
5：3	CMP[2：0]	000	R/W	T1 通道 0 比较输出模式选择,指定计数值过 T1CC0 时的发生事件 000：输出置 1(发生比较时) 001：输出清 0(发生比较时) 010：输出翻转 011：输出置 1(发生上比较时),输出清 0(计数值为 0 或 UP/DOWN 模式下发生下比较) 100：输出清 0(发生上比较时),输出置 1(计数值为 0 或 UP/DOWN 模式下发生下比较) 101：输出置 1(发生比较时),输出清 0(计数值为 0xff 时) 110：输出清 0(发生比较时),输出置 1(计数值为 0x00 时) 111：预留
2	MODE	0	R/W	T1 通道 0 模式选择 0：捕获 1：比较
1：0	CPM[1：0]	00	R/W	T1 通道 0 捕获模式选择 00：没有捕获 01：上升沿捕获 10：下降沿捕获 11：边沿捕获

表 7.6　T1CC0H(T1 通道 0 捕获/比较值高字节寄存器)

位	名称	复位	R/W	描　述
7	TICC0[15：8]	0x00	R/W	T1 通道 0 捕获值/比较值高字节

表 7.7　T1CC0L(T1 通道 0 捕获/比较值低字节寄存器)

位	名称	复位	R/W	描　述
7	TICC0[7：0]	0x00	R/W	T1 通道 0 捕获值/比较值低字节

表 7.8   IEN0——中断使能寄存器 0

位	名称	复位	R/W	描　述
7	EA	0	R/W	禁用所有中断 0：无中断被禁用 1：通过设置对应的使能位将每个中断源分别使能和禁止
6	—	0	RO	不使用，读出来是 0
5	STIE	0	R/W	睡眠定时器中断使能 0：中断使能 1：中断禁止
4	ENCIE	0	R/W	AES 加密/解密中断使能 0：中断使能 1：中断禁止
3	URX1IE	0	R/W	USART 1 RX 中断使能 0：中断使能 1：中断禁止
2	URX0IE	0	R/W	USART 0 RX 中断使能 0：中断使能 1：中断禁止
1	ADCIE	0	R/W	ADC 中断使能 0：中断使能 1：中断禁止
0	RFERRIE	0	R/W	RF TX/RX FIFO 中断使能 0：中断使能 1：中断禁止

表 7.9   IEN1——中断使能寄存器 1

位	名称	复位	R/W	描　述
7：6	—	00	RO	没有使用，读出来是 0
5	P0IE	0	R/W	端口 0 中断使能 0：中断禁止 1：中断使能
4	T4IE	0	R/W	定时器 4 中断使能 0：中断禁止 1：中断使能
3	T3IE	0	R/W	定时器 3 中断使能 0：中断禁止 1：中断使能
2	T2IE	0	R/W	定时器 2 中断使能 0：中断禁止 1：中断使能

续表

位	名称	复位	R/W	描述
1	T1IE	0	R/W	定时器 1 中断使能 0：中断禁止 1：中断使能
0	DMAIE	0	R/W	DMA 传输中断使能 0：中断禁止 1：中断使能

表 7.10　IRCON——中断标志寄存器 4

位	名称	复位	R/W	描述
7	STIF	0	R/W	睡眠定时器中断标志 0：无中断未决 1：中断未决
6	—	0	R/W	必须写为 0。写入 1 总是使能中断源
5	P0IF	0	R/W	端口 0 中断标志 0：无中断未决 1：中断未决
4	T4IF	0	R/WH0	定时器 4 中断标志。当定时器 4 中断发生时设为 1，当 CPU 指向中断向量服务例程时清除 0：无中断未决 1：中断未决
3	T3IF	0	R/WH0	定时器 3 中断标志。当定时器 3 中断发生时设为 1，当 CPU 指向中断向量服务例程时清除 0：无中断未决 1：中断未决
2	T2IF	0	R/WH0	定时器 2 中断标志。当定时器 2 中断发生时设为 1，当 CPU 指向中断向量服务例程时清除 0：无中断未决 1：中断未决
1	T1IF	0	R/WH0	定时器 1 中断标志。当定时器 1 中断发生时设为 1，当 CPU 指向中断向量服务例程时清除 0：无中断未决 1：中断未决
0	DMAIF	0	R/W	DMA 完成中断未决 0：无中断未决 1：中断未决

表 7.4～表 7.10 所述寄存器组为与 T1 定时器相关的控制寄存器和中断控制寄存器,其中包括:T1CTL 控制寄存器,用来控制定时器的开关和模式;T1CCTL0 为 T1 通道 0 比较/捕获控制寄存器;T1CC0H 和 T1CC0L 为 T1 通道 0 比较/捕获控制值寄存器;IEN0 与 IEN1 两个寄存器分别控制系统中断总开关和 T1 定时器中断源开关。

CLKCONCMD 和 CLKCONSTA 寄存器的相关信息如表 7.11 和表 7.12 所示。

表 7.11　CLKCONCMD 时钟控制寄存器

位	名称	复位	R/W	描述
7	OSC32K	1	W	32kHz 时钟源选择 0:32kHz 晶振 1:32kHz RC 振荡
6	OSC	1	W	主时钟源选择 0:32MHz 晶振 1:16MHz RC 振荡
5:3	TICKSPD[2:0]	001	W	定时器计数时钟速率(该时钟频不大于 OSC 决定频率) 000:32MIIz 001:16MHz 010:8MHz 011:4MHz 100:2MHz 101:1MHz 110:0.5MHz 111:0.25MHz
2:0	CLKSPD	001	W	时钟速率,不能高于系统时钟 000:32MHz 001:16MHz 010:8MHz 011:4MHz 100:2MHz 101:1MHz 110:500kHz 111:250kHz

表 7.12　CLKCONSTA 时钟状态寄存器

位	名称	复位	R/W	描述
7	OSC32K	1	R	32kHz 时钟源选择 0:32kHz 晶振 1:32kHz RC 振荡

续表

位	名称	复位	R/W	描　述
6	OSC	1	R	主时钟源选择 0：32MHz 晶振 1：16MHz RC 振荡
5：3	TICKSPD[2：0]	001	R	定时器计数时钟速率(该时钟频不大于 OSC 决定频率) 000：32MHz 001：16MHz 010：8MHz 011：4MHz 100：2MHz 101：1MHz 110：0.5MHz 111：0.25MHz
2：0	CLKSPD	001	R	时钟速率,不能高于系统时钟 000：32MHz 001：16MHz 010：8MHz 011：4MHz 100：2MHz 101：1MHz 110：500kHz 111：250kHz

　　SLEEPCMD 控制寄存器的相关信息如表 7.13 所示,PERCFG 寄存器的相关信息如表 7.14 所示。

表 7.13　SLEEPCMD 睡眠模式控制寄存器

位	名称	复位	R/W	描　述
7	—	0	R	预留
6	XOSC_STB	0	W	低速时钟状态 0：没有打开或者不稳定 1：打开且稳定
5	HFRC_STB	0	W	主时钟状态 0：没有打开或者不稳定 1：打开且稳定
4：3	RST[1：0]	xx	W	最后一次复位指示 00：上电复位 01：外部复位 10：看门狗复位

续表

位	名称	复位	R/W	描　述
2	OSC_PD	0	W	节能控制,OSC 状态改变的时候硬件清 0 0：不关闭无用时钟 1：关闭无用时钟
1：0	MODE[1：0]	0	W	功能模式选择 00：PM0 01：PM1 10：PM2 11：PM3

表 7.14　PERCFG 外设控制寄存器

位	名称	复位	R/W	描　述
7	—	0	R	预留
6	T1CFG	0	R/W	T1 I/O 位置选择 0：位置 1 1：位置 2
5	T3CFG	0	R/W	T3 I/O 位置选择 0：位置 1 1：位置 2
4	T4CFG	0	R/W	T4 I/O 位置选择 0：位置 1 1：位置 2
3：2	—	00	RO	预留
1	U1CFG	0	R/W	串口 1 位置选择 0：位置 1 1：位置 2
0	U0CFG	0	R/W	串口 0 位置选择 0：位置 1 1：位置 2

U0CSR 寄存器的相关信息如表 7.15 所示,U0GCR 寄存器的相关信息如表 7.16 所示,U0BUF 寄存器的相关信息如表 7.17 所示,U0BAUD 寄存器的相关信息如表 7.18 所示。

表 7.15　U0CSR(串口 0 控制 & 状态寄存器)

位	名称	复位	R/W	描　述
7	MODE	0	R/W	串口模式选择 0：SPI 模式 1：UART 模式

续表

位	名称	复位	R/W	描　　述
6	RE	0	R/W	接收使能 0：关闭接收 1：允许接收
5	SLAVE	0	R/W	SPI 主从选择 0：SPI 主 1：SPI 从
4	FE	0	R/W	串口帧错误状态 0：没有帧错误 1：出现帧错误
3	ERR	0	R/W	串口校验结果 0：没有校验错误 1：字节校验出错
2	RX_BYTE	0	R/W	接收状态 0：没有接收到数据 1：接收到 1 字节数据
1	TX_BYTE	0	R/W	发送状态 0：没有发送 1：最后一次写入 U0BUF 的数据已经发送
0	ACTIVE	0	R	串口忙标志 0：串口闲 1：串口忙

表 7.16　U0GCR（串口 0 常规控制寄存器）

位	名称	复位	R/W	描　　述
7	CPOL	0	R/W	SPI 时钟极性 0：低电平空闲 1：高电平空闲
6	CPHA	0	R/W	SPI 时钟相位 0：由 CPOL 跳向非 CPOL 时采样，由非 CPOL 跳向 CPOL 时输出 1：由非 CPOL 跳向 CPOL 时采样，由 CPOL 跳向非 CPOL 时输出
5	ORDER	0	R/W	传输位序 0：低位在先 1：高位在先
4：0	BAUD_E[4：0]	0x00	R/W	波特率指数值，BAUD_M 决定波特率

表 7.17　U0BUF（串口 0 收发缓冲器）

位	名称	复位	R/W	描　　述
7：0	DATA[7：0]	0x00	R/W	UART0 收发寄存器

表 7.18　U0BAUD(串口 0 波特率控制器)

位	名称	复位	R/W	描　述
7：0	BAUD_M[7：0]	0x00	R/W	波特率尾数,与 BAUD_E 决定波特率

ADCCON1 寄存器的相关信息如表 7.19 所示,ADCCON3 寄存器的相关信息如表 7.20 所示。

表 7.19　ADCCON1 ADC 控制寄存器 1

位	名称	复位	R/W	描　述
7	EOC	0	R/H0	转换结束。当 ADCH 被读取的时候清除。如果读取前一数据之前,完成一个新的转换,EOC 位仍然为高 0：转换没有完成 1：转换完成
6	ST	0		开始转换。读为 1,直到转换完成 0：没有转换正在运行 1：如果 ADCCON1. STSEL＝11 并且没有序列正在运行就启动一个转换序列
5：4	STSEL[1：0]	11	R/W1	启动选择。选择该事件,将启动一个新的转换序列 00：P2.0 引脚的外部触发 01：全速。不等待触发器 10：定时器 1 通道 0 比较事件 11：ADCCON1. ST＝1
3：2	RCTRL[1：0]	00	R/W	控制 16 位随机数发生器。当写 01 时,操作完成设置将自动返回到 00 00：正常运行(13X 型展开) 01：LFSR 的时钟一次(没有展开) 10：保留 11：停止。关闭随机数发生器
1：0	—	11	R/W	保留。一直设为 11

表 7.20　ADCCON3 ADC 控制寄存器 3

位	名称	复位	R/W	描　述
7：6	EREF[1：0]	00	R/W	选择用于额外转换的参考电压 00：内部参考电压 01：AIN7 引脚的外部参考电压 10：AVDD5 引脚 11：在 AIN6-AIN7 差分输入的外部参考电压

位	名称	复位	R/W	描　　述
5：4	EDIV[1：0]	00	R/W	设置用于额外转换的抽取率。抽取率也决定了完成转换需要的时间和分辨率 00：64 抽取率(7 位 ENOB) 01：128 抽取率(9 位 ENOB) 10：256 抽取率(10 位 ENOB) 11：512 抽取率(12 位 ENOB)
3：0	EDIV[1：0]	0000	R/W	单个通道选择。选择写 ADCCON3 触发的单个转换所在的通道号码。当单个转换完成，该位自动清除 0000：AIN0 0001：AIN1 0010：AIN2 0011：AIN3 0100：AIN4 0101：AIN5 0110：AIN6 0111：AIN7 1000：AIN0-AIN1 1001：AIN2-AIN3 1010：AIN4-AIN5 1011：AIN6-AIN7 1100：GND 1101：正电压参考 1110：温度传感器 1111：VDD/3

表 7.11～表 7.20 中列举了和 CC2530 处理器 T1 定时器操作相关的寄存器,其中包括:CLKCONCMD 控制寄存器,用来控制系统时钟源;SLEEP 寄存器用来控制各种时钟源;SLEEPCMD 和 SLEEPSTA 寄存器用来控制各种时钟源的开关和状态;PERCFG 寄存器为外设功能控制寄存器,用来控制外设功能模式;U0CSR、U0GCR、U0BUF、U0BAUD 等为串口相关寄存器。

3. 软件设计

```
#include < iocc2530.h>
#include < stdio.h>
#include "./uart/hal_uart.h"
#define uchar unsigned char
#define uint unsigned int
#define uint8 uchar
#define uint16 uint
```

```
#define TRUE 1
#define FALSE 0
//定义控制 LED 灯的端口
#define LED1 P1_0                              //定义 LED1 为 P1_0 端口控制
#define LED2 P1_1                              //定义 LED2 为 P1_1 端口控制
uchar rFlag = 0, i = 0;
char timeSet[11];
unsigned int counter = 0;
char printFlag = 0;
signed char time[3] = {00,00,00};             //时间初值
void Delay(uint n)
{
    uint i,t;
    for(i = 0;i < 5;i++)
    for(t = 0;t < n;t++);
}
void InitLed(void)
{
    P1DIR |= 0x03;                            //P1_0、P1_1 定义为输出
    LED1 = 1;                                 //LED1 灯熄灭
    LED2 = 1;                                 //LED2 灯熄灭
}
void InitT1(void)
{
    T1CCTL0 = 0X44;
    //T1CCTL0 (0xE5)
    //T1 ch0 中断使能
    //比较模式
    T1CC0H = 0x03;
    T1CC0L = 0xe8;
    //0x03e8 = 1000D
    T1CTL |= 0X02;
    //start count
    //在这里没有分频
    //使用比较模式 MODE = 10(B)
    IEN1 |= 0X02;
    IEN0 |= 0X80;
    //开 T1 中断
}
void setTimeTemp(char * p)
{
    char tmp;
    tmp = time[0];
    time[0] = (p[2] - '0') * 10 + (p[3] - '0');
    if((time[0]< 0) || (time[0]> 23)) { time[0] = tmp; return; }
    tmp = time[1];
    time[1] = (p[5] - '0') * 10 + (p[6] - '0');
    if((time[1]< 0) || (time[1]> 59)) { time[1] = tmp; return; }
```

```
            tmp = time[2];
            time[2] = (p[8] - '0') * 10 + (p[9] - '0');
            if((time[2]< 0) || (time[2]>59)) { time[2] = tmp; return; }
    }
    void main(void)
    {
        char uartBuf[20];
        InitUart();                                    //波特率为57600bps
        InitLed();
        InitT1();
        while(1)
        {
            if(printFlag)
            {
                printFlag = 0;
                if(time[2] == 60)
                {
                    time[2] = 0; time[1]++;
                    if(time[1] == 60)
                    {
                        time[0]++;
                        time[1] = 0;
                        if(time[0] == 24) time[0] = 0;
                    }
                }
                sprintf(uartBuf," % 2.2d: % 2.2d: % 2.2d\r\n",time[0],time[1],time[2]);
                uartBuf[15] = '\0';
                prints(uartBuf);
            }
        }
    }
    / ****************************************************************
    * 函数功能 : 串口接收一个字符
    * 入口参数 : 无
    * 返 回 值 : 无
    * 说 明 : 接收完成后打开接收
    **************************************************************** /
    #pragma vector = URX0_VECTOR
    __interrupt void UART0_ISR(void)
    {
        URX0IF = 0;                                    //清中断标志
        //temp = U0DBUF;
        if( (rFlag == 1) || (U0DBUF == 's') )
        {
            rFlag = 1;
            timeSet[i++] = U0DBUF;
        }
        if(i == 10)
```

```
    {
        i = 0; rFlag = 0;
        setTimeTemp(timeSet);
    }
}
/ **************************************************************
* 函数功能：T1 中断函数
* 入口参数：无
* 返 回 值：无
* 说　明 :
************************************************************** /
# pragma vector = T1_VECTOR
__interrupt void T1_ISR(void)
{
    IRCON & = ～0x02;                        //清中断标志
    counter++;
    if(counter == 30000)
    {
        counter = 0;
        printFlag = 1;
        time[2]++;
        LED1 = ～LED1;                        // 调试指示用
    }
}
```

程序通过配置 CC2530 处理器的 T1 定时器来模拟产生秒信号，进行时间计数，初始时间设定为 00：00：00，也可以通过串口相应的命令格式来设置时间计数，如 s＋12＋50＋30 设置时间为 12 时 50 分 30 秒。

4. 实施步骤

（1）使用 ZigBee Debuger USB 仿真器连接 PC 和 ZigBee（CC2530）模块，打开 ZigBee 模块开关供电。将系统配套串口线一端连接 PC，另一端连接 ZigBee 调试板的串口上。

（2）启动 IAR 开发环境，新建工程。

（3）在 IAR 开发环境中编译、运行、调试程序。

（4）使用 PC 自带的超级终端连接串口，将超级终端设置为串口波特率 57600bps、8 位、无奇偶校验位、无硬件流模式，运行程序，即可看到模拟时间的计数。当向串口输入相应格式的数据时，即可设置时间：s＋12＋50＋30 设置时间为 12 时 50 分 30 秒。

7.3.2　任务 2：系统休眠与低功耗

1. 项目环境

（1）硬件：ZigBee（CC2530）模块、ZigBee 下载调试板、USB 仿真器和 PC。

（2）软件：IAR Embedded Workbench for MCS-51。

2. 项目原理

1）硬件接口原理

ZigBee(CC2530)模块 LED 硬件接口如图 7.2 所示。

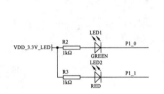 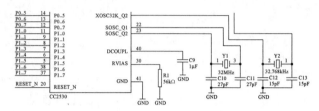

图 7.2　LED 硬件接口

ZigBee(CC2530)模块硬件上设计有两个 LED 灯，用来编程调试使用。分别连接 CC2530 的 P1_0、P1_1 两个 I/O 引脚。从原理图上可以看出，两个 LED 灯共阳极，当 P1_0、P1_1 引脚为低电平时，LED 灯点亮。

2）CC2530 相关寄存器

P1 寄存器的相关信息如表 7.21 所示，P1DIR 寄存器的相关信息如表 7.22 所示。

表 7.21　P1 寄存器

位	名称	复位	R/W	描　　述
7：0	P1_[7：0]	0xFF	R/W	端口 1 是通用 I/O 端口。位寻址从 SFR 开始。CPU 内部寄存器是可读的，但是不可写，从 XDATA(0x7090)开始

表 7.22　寄存器 P1DIR

位	名称	复位	R/W	描　　述
7：0	DIRP1_[7：0]	0x00	R/W	P1_7～P1_0 的 I/O 方向 0：输入 1：输出

表 7.21～表 7.22 中列出了关于 CC2530 处理器的 P1 I/O 相关寄存器，其中只用到了 P1 和 P1DIR 两个寄存器的设置，P1 寄存器为可读写的数据寄存器，P1DIR 为 I/O 输入输出选择寄存器，其他 I/O 寄存器的功能使用默认配置。

PCON 寄存器的相关信息如表 7.23 所示，SLEEPCMD 控制寄存器的相关信息如表 7.24 所示。

表 7.23　PCON(电源模式控制寄存器)

位	名称	复位	R/W	描　　述
7：2	—	0x00	R/W	预留
1	—	0	R	预留，读出为 0

续表

位	名称	复位	R/W	描　述
0	IDLE	0	R/W	电源模式控制,写 1 将进入由 SLEEPCMD.MODE 指定的电源模式,读出一定为 0

表 7.24　SLEEPCMD 睡眠模式控制寄存器

位	名称	复位	R/W	描　述
7	—	0	R	预留
6	XOSC_STB	0	W	低速时钟状态 0:没有打开或者不稳定 1:打开且稳定
5	HFRC_STB	0	W	主时钟状态 0:没有打开或者不稳定 1:打开且稳定
4:3	RST[1:0]	xx	W	最后一次复位指示 00:上电复位 01:外部复位 10:看门狗复位
2	OSC_PD	0	W	节能控制,OSC 状态改变的时候硬件清 0 0:不关闭无用时钟 1:关闭无用时钟
1:0	MODE[1:0]	0	W	功能模式选择 00:PM0 01:PM1 10:PM2 11:PM3

IEN0 寄存器的相关信息如表 7.25 所示,IEN2 寄存器的相关信息如表 7.26 所示。

表 7.25　IEN0——中断使能寄存器 0

位	名称	复位	R/W	描　述
7	EA	0	R/W	禁用所有中断 0:无中断被禁用 1:通过设置对应的使能位将每个中断源分别使能和禁止
6	—	0	RO	不使用,读出来是 0
5	STIE	0	R/W	睡眠定时器中断使能 0:中断使能 1:中断禁止

续表

位	名称	复位	R/W	描 述
4	ENCIE	0	R/W	AES 加密/解密中断使能 0：中断使能 1：中断禁止
3	URX1IE	0	R/W	USART 1 RX 中断使能 0：中断使能 1：中断禁止
2	URX0IE	0	R/W	USART 0 RX 中断使能 0：中断使能 1：中断禁止
1	ADCIE	0	R/W	ADC 中断使能 0：中断使能 1：中断禁止
0	RFERRIE	0	R/W	RF TX/RX FIFO 中断使能 0：中断使能 1：中断禁止

表 7.26　IEN2——中断使能寄存器 2

位	名称	复位	R/W	描 述
7：6	—	00	RO	没有使用，读出来是 0
5	WDTIE	0	R/W	看门狗定时器中断使能 0：中断禁止 1：中断使能
4	P1IE	0	R/W	端口 1 中断使能 0：中断禁止 1：中断使能
3	UTX1IE	0	R/W	USART1 TX 中断使能 0：中断禁止 1：中断使能
2	UTX0IE	0	R/W	USART0 TX 中断使能 0：中断禁止 1：中断使能
1	P2IE	0	R/W	端口 2 中断使能 0：中断禁止 1：中断使能
0	RFIE	0	R/W	RF 一般中断使能 0：中断禁止 1：中断使能

　　表 7.23～表 7.26 中列举了和 CC2530 处理器低功耗相关的寄存器，其中包括：PCON 电源模式控制寄存器；SLEEPCMD 和 SLEEPSTA 寄存器用来控制各种时钟

源的开关和状态；IEN0 和 IEN2 两个寄存器分别控制系统中断总开关和 PORT1 中断源开关。

3. 软件设计

```
#include < ioCC2530.h>
#define uint unsigned int
#define uchar unsigned char
#define DELAY 10000
//小灯控端口定义
#define YLED P1_0
#define RLED P1_1
void Delay(void);
void Init_IO_AND_LED(void);
void PowerMode(uchar sel);
/ ****************************************************************
* 函数功能：延时
* 入口参数：无
* 返回值 ：无
* 说明：可在宏定义中改变延时长度
**************************************************************** /
void Delay(void)
{
    uint tt;
    for(tt = 0;tt < DELAY;tt++);
    for(tt = 0;tt < DELAY;tt++);
    for(tt = 0;tt < DELAY;tt++);
    for(tt = 0;tt < DELAY;tt++);
    for(tt = 0;tt < DELAY;tt++);
}
/ ****************************************************************
* 函数功能：初始化电源
* 入口参数：para1,para2,para3,para4
* 返回值：无
* 说 明：para1,模式选择
* para1 0  1  2  3                                    *
* mode PM0PM1PM2PM3                                    *
**************************************************************** /
void PowerMode(uchar sel)
{
    uchar i,j;
    i = sel;
    if(sel < 4)
```

```
        {
            SLEEPCMD & = 0xfc;
            SLEEPCMD | = i;
            for(j = 0;j < 4;j++);
            PCON = 0x01;
        }
        else
        {
            PCON = 0x00;
        }
}
/ ********************************************************************
* 函数功能: 初始化 I/O,控制 LED
* 入口参数: 无
* 返回值:无
* 说 明: 初始化完成后关灯
******************************************************************** /
void Init_IO_AND_LED(void)
{
    P1DIR = 0X03;
    RLED = 1;
    YLED = 1;
    EA = 1;
    IEN2 | = 0X10; //P1IE = 1;
}
/ ************************************************************
* 函数功能: 主函数
* 入口参数:
* 返回值:无
* 说 明: 10 次绿色 LED 闪烁后进入睡眠状态
************************************************************ /
void main()
{
    uchar count = 0;
    Init_IO_AND_LED();
    RLED = 0 ;                      //开红色 LED,系统工作指示
    Delay();                        //延时
    Delay();
    Delay();
    Delay();
    while(1)
    {
        YLED = ! YLED;
                RLED = 0;
        count++;
        if(count > = 20)
        {
            count = 0;
```

```
        RLED = 1;
        PowerMode(3);           //10 次闪烁后进入睡眠状态
     }
     Delay();                   //延时函数无形参,只能通过改变系统时钟频率
                                //来改变小灯的闪烁频率
  };
}
```

程序通过配置 CC2530 处理器的电源管理相关寄存器,从而让系统在 LED 闪烁 10 次后进入休眠状态。

4. 实施步骤

(1) 使用 ZigBee Debuger USB 仿真器连接 PC 和 ZigBee(CC2530)模块,打开 ZigBee 模块开关供电。将系统配套串口线一端连接 PC,另一端连接在 ZigBee 调试板的串口上。

(2) 启动 IAR 开发环境,新建工程。

(3) 在 IAR 开发环境中编译、运行、调试程序。

(4) 系统在 LED 闪烁 10 次后进入休眠状态。

项目 **8**

看门狗的应用

8.1 项目任务和指标

本项目将完成看门狗的任务。

通过本项目的实施,读者应掌握看门狗的模式、定时器的模式,以及看门狗定时器寄存器的概念和应用。

8.2 项目的预备知识

当单片机程序可能进入死循环的情况下,看门狗定时器(Watch Dog Timer, WDT)用作一个恢复的方法。当软件在选定时间间隔内不能清除 WDT 时,WDT 必须复位系统。看门狗可用于容易受到电气噪声、电源故障、静电放电等影响的应用,或需要高可靠性的环境。如果一个应用不需要看门狗功能,可以配置看门狗定时器为一个定时器,这样可以用于在选定的时间间隔产生中断。

看门狗定时器的特性如下:

(1) 4 个可选的定时器间隔。

(2) 看门狗模式。

(3) 定时器模式。

(4) 在定时器模式下产生中断请求。

WDT 可以配置为一个看门狗定时器或一个通用的定时器。WDT 模块的运行由

WDCTL 寄存器控制。看门狗定时器包括一个 15 位计数器,它的频率由 32kHz 时钟源获得。注意,用户不能获得 15 位计数器的内容。在所有供电模式下,15 位计数器的内容保留,如果重新进入主动模式,看门狗定时器会继续计数。

8.2.1　看门狗模式

在系统复位之后,看门狗定时器就被禁用了。要设置 WDT 在看门狗模式,必须设置 WDCTL.MODE[1:0]位为 10,然后看门狗定时器的计数器从 0 开始递增。在看门狗模式下,一旦定时器使能,就不可以禁用。

因此,如果 WDT 位已经运行在看门狗模式下,再往 WSCTL.MODE[1:0]写入 00 或 10 就不起作用了。WDT 运行在一个频率为 32.768kHz(当使用 32kHz XOSC)的看门狗定时器时钟上。这个时钟频率的超时期限等于 1.9ms、15.625ms、0.25s 和 1s,分别对应 64、512、8192 和 32768 的计数值设置。

如果计数器达到选定定时器的间隔值,看门狗定时器就为系统产生一个复位信号。如果在计数器达到选定定时器的间隔值之前执行了一个看门狗清除序列,计数器就复位到 0,并继续递增。看门狗清除的序列包括,在一个看门狗时钟周期内写入 0xA 到 WDCTK.CLR[3:0],然后写入 0x5 到同一个寄存器位。如果这个序列没有在看门狗周期结束之前执行完毕,看门狗定时器就为系统产生一个复位信号。

在看门狗模式下,WDT 使能,就不能通过写入 WDCTL.MODE[1:0]位改变这个模式,且定时器间隔值也不能改变。在看门狗模式下,WDT 不会产生中断请求。

8.2.2　定时器模式

如果不需要看门狗功能,可以将看门狗定时器设置成普通定时器,必须把 WDCTL.MODE[1:0]位设置为 11,定时器就开始,且计数器从 0 开始递增。当计数器达到选定间隔值,定时器将产生一个中断请求。

在定时器模式下,可以通过写入 1 到 WDCTL.CLR[0]来清除定时器内容。当定时器被清除,计数器的内容就设置为 0。写入 00 或 01 到 WDCTL.MODE[1:0]来停止定时器,并清 0。

定时器间隔由 WDCTL.IN[1:0]位设置。在定时器操作期间,定时器间隔不能改变,且当定时器开始时必须设置。在定时器模式下,当达到定时器间隔时,不会产生复位。

注意,如果选择了看门狗模式,定时器模式就不能在芯片复位之前选择。

8.2.3　看门狗定时器寄存器

看门狗定时器的寄存器 WDCTL 如表 8.1 所示。

表 8.1　看门狗定时器的寄存器 WDCTL

位	名称	复位	R/W	描　述
7：4	CLR[3：0]	0000	R0/W	清除定时器。当 0xA 和 0x5 先后写到这些位，定时器被清除（即加载 0）。注意，定时器写入 0xA 后，在一个看门狗时钟周期内写入 0x5 时被清除。当看门狗定时器 IDLE 时写这些位没有影响。当运行在定时器模式，定时器可以通过写 1 到 CLR[0]（不管其他三位）被清除为 0x0000（但是不停止）
3：2	MODE[1：0]	00	R/W	模式选择。该位用于启动 WDT 处于看门狗模式还是定时器模式。当处于定时器模式，设置这些位为 LDLE 将停止定时器。注意：当运行在定时器模式时要转换到看门狗模式，首先停止 WDT，然后启动 WDT 处于看门狗模式。当运行在看门狗模式，写这些位没有影响 00：IDLE 01：IDLE（未使用，等于 00 设置） 10：看门狗模式 11：定时器模式
1：0	INT[1：0]	00	R/W	定时器间隔选择。这些位选择定时器间隔定义为 32kHz 振荡器周期的规定数。注意，间隔只能在 WDT 处于 IDLE 时改变，这样间隔必须在定时器启动的同时设置 00：定时周期×32768(～1s)当运行在 32kHz 晶振 01：定时周期×8192(～0.25s) 10：定时周期×(～15.625ms) 11：定时周期×(～1.9ms)

8.3　项目实施

1. 项目环境

（1）硬件：ZigBee(CC2530)模块、ZigBee 下载调试板、USB 仿真器和 PC。

（2）软件：IAR Embedded Workbench for MCS-51。

2. 项目原理

1）硬件接口原理

ZigBee(CC2530)模块 LED 硬件接口如图 8.1 所示。

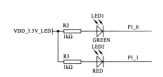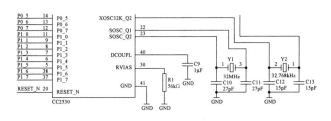

图 8.1　LED 硬件接口

ZigBee(CC2530)模块硬件上设计有两个 LED 灯,用来编程调试使用。分别连接 CC2530 的 P1_0、P1_1 两个 I/O 引脚。从原理图上可以看出,两个 LED 灯共阳极,当 P1_0、P1_1 引脚为低电平时,LED 灯点亮。

2) CC2530 相关寄存器

P1 寄存器的相关信息如表 8.2 所示,P1DIR 寄存器的相关信息如表 8.3 所示。

表 8.2　P1 寄存器

位	名称	复位	R/W	描　　述
7:0	P1_[7:0]	0xFF	R/W	端口 1 是通用 I/O 端口。位寻址从 SFR 开始。CPU 内部寄存器是可读的,但是不可写,从 XDATA(0x7090)开始

表 8.3　寄存器 P1DIR

位	名称	复位	R/W	描　　述
7:0	DIRP1_[7:0]	0x00	R/W	P1_7~P1_0 的 I/O 方向 0:输入 1:输出

表 8.2 和表 8.3 中列出了关于 CC2530 处理器的 P1 I/O 相关寄存器,其中只用到了 P1 和 P1DIR 两个寄存器的设置,P1 寄存器为可读写的数据寄存器,P1DIR 为 I/O 输入输出选择寄存器,其他 I/O 寄存器的功能使用默认配置。

T1CC0H 寄存器的相关信息如表 8.4 所示,T1CC0L 寄存器的相关信息如表 8.5 所示,CLKCONCMD 寄存器的相关信息如表 8.6 所示,CLKCONSTA 寄存器的相关信息如表 8.7 所示,WDCTL 寄存器的相关信息如表 8.8 所示。

表 8.4　T1CC0H(T1 通道 0 捕获/比较值高字节寄存器)

位	名称	复位	R/W	描　　述
7	T1CC0[15:8]	0x00	R/W	T1 通道 0 捕获值/比较值高字节

表 8.5　T1CC0L(T1 通道 0 捕获/比较值低字节寄存器)

位	名称	复位	R/W	描　　述
7	T1CC0[7:0]	0x00	R/W	T1 通道 0 捕获值/比较值低字节

表 8.6　CLKCONCMD 时钟控制寄存器

位	名称	复位	R/W	描述
7	OSC32K	1	W	32kHz 时钟源选择 0：32kHz 晶振 1：32kHz RC 振荡
6	OSC	1	W	主时钟源选择 0：32MHz 晶振 1：16MHz RC 振荡
5：3	TICKSPD[2：0]	001	W	定时器计数时钟速率（该时钟频不大于 OSC 决定频率） 000：32MHz 001：16MHz 010：8MHz 011：4MHz 100：2MHz 101：1MHz 110：0.5MHz 111：0.25MHz
2：0	CLKSPD	001	W	时钟速率,不能高于系统时钟 000：32MHz 001：16MHz 010：8MHz 011：4MHz 100：2MHz 101：1MHz 110：500kHz 111：250kHz

表 8.7　CLKCONSTA 时钟状态寄存器

位	名称	复位	R/W	描述
7	OSC32K	1	R	32kHz 时钟源选择 0：32kHz 晶振 1：32kHz RC 振荡
6	OSC	1	R	主时钟源选择 0：32MHz 晶振 1：16MHz RC 振荡

续表

位	名称	复位	R/W	描　述
5：3	TICKSPD[2：0]	001	R	定时器计数时钟速率(该时钟频不大于 OSC 决定频率) 000：32MHz 001：16MHz 010：8MHz 011：4MHz 100：2MHz 101：1MHz 110：0.5MHz 111：0.25MHz
2：0	CLKSPD	001	R	时钟速率,不能高于系统时钟 000：32MHz 001：16MHz 010：8MHz 011：4MHz 100：2MHz 101：1MHz 110：500kHz 111：250kHz

表 8.8　看门狗定时器的寄存器 WDCTL

位	名称	复位	R/W	描　述
7：4	CLR[3：0]	0000	R0/W	清除定时器。当 0xA 和 0x5 先后写到这些位,定时器被清除(即加载 0)。注意,定时器写入 0xA 后,在一个看门狗时钟周期内写入 0x5 时被清除。当看门狗定时器 IDLE 时写这些位没有影响。当运行在定时器模式,定时器可以通过写 1 到 CLR[0](不管其他三位)被清除为 0x0000(但是不停止)
3：2	MODE[1：0]	00	R/W	模式选择。该位用于启动 WDT 处于看门狗模式还是定时器模式。当处于定时器模式,设置这些位为 LDLE 将停止定时器。注意:当运行在定时器模式时要转换到看门狗模式,首先停止 WDT,然后启动 WDT 处于看门狗模式。当运行在看门狗模式,写这些位没有影响 00：IDLE 01：IDLE(未使用,等于 00 设置) 10：看门狗模式 11：定时器模式

续表

位	名称	复位	R/W	描　述
1：0	INT[1：0]	00	R/W	定时器间隔选择。这些位选择定时器间隔定义为 32kHz 振荡器周期的规定数。注意间隔只能在 WDT 处于 IDLE 时改变，这样间隔必须在定时器启动的同时设置 00：定时周期×32768(～1s)当运行在 32kHz 晶振 01：定时周期×8192(～0.25s) 10：定时周期×(～15.625ms) 11：定时周期×(～1.9ms)

表 8.4～表 8.8 中列举了和 CC2530 处理器看门狗定时器操作相关的寄存器，其中，WDCTL 控制寄存器用来控制看门狗定时器的工作模式及复位状态。

3. 软件设计

```c
#include < ioCC2530.h >
#define uint unsigned int
#define led1 P1_0
#define led2 P1_1
void Init_IO(void)
{
    P1DIR = 0x03;
    led1 = 1;
    led2 = 1;
}
void Init_Watchdog(void)
{
    WDCTL = 0x00;
    //时间间隔 1s,看门狗模式
    WDCTL |= 0x08;
    //启动看门狗
}
void Init_Clock(void)
{
    CLKCONCMD = 0X00;
}
void FeedDog(void)                  //喂狗
{
    WDCTL = 0xa0;
    WDCTL = 0x50;
}
void Delay(void)
{
    uint n;
```

```
        for(n = 50000;n > 0;n -- );
        for(n = 50000;n > 0;n -- );
        for(n = 50000;n > 0;n -- );
        for(n = 50000;n > 0;n -- );
        for(n = 50000;n > 0;n -- );
        for(n = 50000;n > 0;n -- );
        for(n = 50000;n > 0;n -- );
    }
    void main(void)
    {
        Init_Clock();
        Init_IO();
        Init_Watchdog();
        led1 = 0;
        Delay();
        led2 = 0;
        while(1)
        {
            FeedDog();
        }                          //喂狗指令(加入后系统不复位,小灯不闪烁)
    }
```

程序通过配置 CC2530 处理器的看门狗定时器来产生复位信号,如果在复位周期内喂狗,即可避免看门狗强制复位系统,软件用 LED 灯来实现系统复位的监测。

4. 实施步骤

(1) 使用 ZigBee Debuger USB 仿真器连接 PC 和 ZigBee(CC2530)模块,打开 ZigBee 模块开关供电。将系统配套串口线一端连接 PC,另一端连接 ZigBee 调试板的串口上。

(2) 启动 IAR 开发环境,新建工程。

(3) 在 IAR 开发环境中编译、运行、调试程序。

参 考 文 献

[1] 徐萍,张晓强,马凤华,等.单片机技术项目教程[M].北京:清华大学出版社,2016.

[2] 郑锦材,江璜,陈旭文,等.51单片机典型应用30例——基于Proteus仿真[M].北京:清华大学出版社,2016.

[3] 王小强,欧阳骏,黄宁淋.ZigBee无线传感器网络设计与实现[M].北京:化学工业出版社,2012.

[4] 姜仲,刘丹.ZigBee技术与实训教程——基于CC2530的无线传感网技术[M].北京:清华大学出版社,2014.

[5] 李文仲.ZigBee2007/PRO协议栈实验与实践[M].北京:北京航空航天大学出版社,2009.

[6] 郭渊博.ZigBee技术与应用——CC2430设计、开发与实践[M].北京:国防工业出版社,2010.

[7] QST青软实训.ZigBee技术开发——CC2530单片机原理及应用[M].北京:清华大学出版社,2015.

[8] 李晓维.无线传感器网络技术[M].北京:北京理工大学出版社,2007.

[9] 高守纬,吴灿阳.ZigBee技术实践教程——基于CC2430/31的无线传感器网络解决方案[M].北京:北京航空航天大学出版社,2011.

[10] 王殊.无线传感器网络的理论及其应用[M].北京:北京航空航天大学出版社,2007.

图书资源支持

感谢您一直以来对清华版图书的支持和爱护。为了配合本书的使用，本书提供配套的资源，有需求的读者请扫描下方的"书圈"微信公众号二维码，在图书专区下载，也可以拨打电话或发送电子邮件咨询。

如果您在使用本书的过程中遇到了什么问题，或者有相关图书出版计划，也请您发邮件告诉我们，以便我们更好地为您服务。

我们的联系方式：

地　　址：北京市海淀区双清路学研大厦 A 座 714

邮　　编：100084

电　　话：010-83470236　　010-83470237

客服邮箱：2301891038@qq.com

QQ：2301891038（请写明您的单位和姓名）

资源下载： 关注公众号"书圈"下载配套资源。

资源下载、样书申请

图书案例

书圈

清华计算机学堂

观看课程直播